图解口腔美学种植修复临床规范

口腔种植修复常用设备使用与维护

主编 朱卓立　　总主编 于海洋

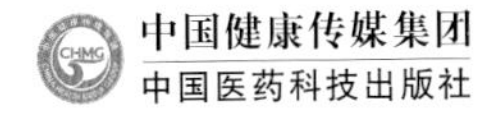

图书在版编目（CIP）数据

口腔种植修复常用设备使用与维护 / 朱卓立主编. —北京：中国医药科技出版社，2024.1

（图解口腔美学种植修复临床规范）

ISBN 978-7-5214-4117-8

Ⅰ. ①口… Ⅱ. ①朱… Ⅲ. ①口腔外科手术—医疗器械—使用方法—图解 ②口腔外科手术—医疗器械—维修—图解 Ⅳ. ① TH787-64

中国国家版本馆 CIP 数据核字（2023）第 156710 号

美术编辑 陈君杞

版式设计 也 在

出版 **中国健康传媒集团** | 中国医药科技出版社

地址 北京市海淀区文慧园北路甲 22 号

邮编 100082

电话 发行：010-62227427 邮购：010-62236938

网址 www.cmstp.com

规格 787 × 1092 mm 1/32

印张 8 1/4

字数 210 千字

版次 2024 年 1 月第 1 版

印次 2024 年 1 月第 1 次印刷

印刷 三河市万龙印装有限公司

经销 全国各地新华书店

书号 ISBN 978-7-5214-4117-8

定价 69.00 元

获取新书信息、投稿、为图书纠错，请扫码联系我们。

内容提要

本书是《图解口腔美学种植修复临床规范》之一，系统介绍了牙科 X 线机等诊断设备、无痛注射仪等种植外科及辅助设备、超声清洗机等修复（单元）设备、正压压膜机等椅旁加工设备的使用和维护方法，可以更好地帮助使用人员正确掌握相关设备的使用方法，提高临床操作的规范性。本书图片精美，专业实用，携带方便，主要供全国各级医疗机构口腔医师、修复工艺技师、口腔护士以及口腔专业研究生、进修生参考使用。

丛书编委会

本书编委会

主　编　朱卓立

编　者　（以姓氏笔画为序）

万紫千红　王小霞　朱卓立

序

随着社会的进步和生活水平的持续提高，广大人民群众对美观和舒适度高的口腔美学种植修复的需求也不断提高。为了更好地服务人民的口腔健康，我们组织编写《图解口腔美学种植修复临床规范》口袋书，旨在帮助规范和提高基层口腔工作者的服务能力和水平。

作为口腔医学的热门领域，口腔美学种植修复新技术飞速发展。这也给医务工作者的临床工作提出了更高的要求。提高口腔医生整体素质，规范各级医疗机构医务人员执业行为已经成为业界和社会关注的热点。《图解口腔美学种植修复临床规范》口袋书的编写与出版旨在对口腔医生、修复工艺技师、口腔护士的医疗行为、制作设计、护理技术提出具体要求，在现有专业共识性认知的基础上，使日常口腔美学种植修复流程做到科学化、规范化、标准化。

本丛书为小分册、小部头，方便携带，易于查询；内容丰富，基本涵盖了口腔美学种植修复中的临床基本治疗规范及临床新技术，从各辅助工具如口腔放大镜、显微镜、口扫面扫、𬌗架及各类种植修复常见设备，到各类临床技术如美学修复预告、比色、虚拟种植、骨增量技术，再到常见的瓷美学修复如瓷贴面、瓷嵌体、瓷全冠的临床修复技术。

本丛书主要由近年来崭露头角的中青年临床业务骨干完成，他们传承了严谨认真、追求卓越的精神，从临床实践出发，聚焦基层临床适宜技术的推广，以科学性、可及性、指导性为主旨，来规范口腔美学种植修复的主要诊疗工作，方便全国各级医疗机构的口腔医务人员在临床实践中参考应用。

因学识所限，本丛书难免存在疏漏之处，真诚希望广大读者提出宝贵意见和建议，以便今后进一步修订完善。

最后感谢国家口腔医学中心、四川大学华西口腔修复国家临床重点专科师生对本套丛书的大力支持！

于海洋

2023 年 1 月

前　言

现代口腔种植修复技术是口腔医学领域的重要分支，随着技术的不断进步，各种口腔专用设备在种植修复过程中扮演着至关重要的角色。“工欲善其事，必先利其器”，对于口腔医学生和临床医师们来说，更好地了解他们在临床工作中遇到的器械和设备，比以往都更重要。本书是一本专注于口腔种植修复领域相关医疗设备的专业工具书，以实践为导向，全面介绍了口腔种植修复诊疗过程中的常用设备及其使用与维护方法，旨在为口腔医生和相关从业人员提供专业、实用、全面的设备使用指导，以提高诊疗效果和患者满意度。

本书共分为四章，涵盖了诊断设备、种植外科及辅助设备、修复（单元）设备以及椅旁加工设备等多个方面，内容涵盖了从牙科 X 线机、口腔曲面体层 X 线机到口腔颌面锥形束 CT、螺旋 CT 机等影像学设备，数字化种植修复中口内扫描仪、面部扫描系统、种植桥架基台口内定位系统等辅助诊疗设备，以及电子面弓、比色仪等精准修复设备，同时也对种植导航设备和口腔种植机器人等前沿设备做以介绍。书中不仅详细介绍了各种设备的操作方法，还强调了设备维护与保养的重要性，以保证设备在长时间使用过程中保持良好的性能。此外，本书还针对不同设备的操作难点和常见问题提供了实用的解决策略，帮助读者在面对种植修复临床诊疗挑战时，能够更加从容应对。

由于口腔医学及其器械设备的高速发展，加之编者的学识能力有限，部分设备描述仅仅提供了一些必要的细节，并不用于替代专用说明手册或维护指南，书中出现的不足与疏漏，敬请读者不吝赐教。

编　者

2023 年 10 月

目录

第一章 诊断设备

第二章　种植外科及辅助设备

第三章　修复（单元）设备

第四章　椅旁加工设备

第一章

诊断设备

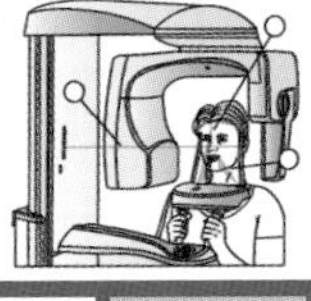
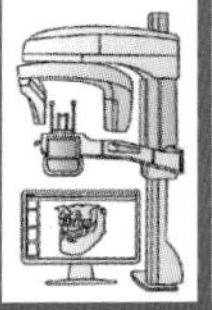
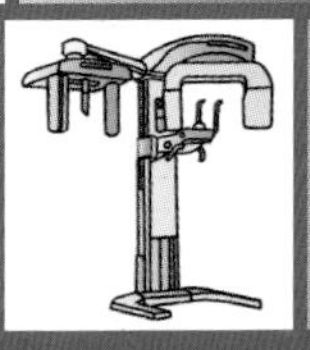

第一节　牙科 X 射线机

一、简介

牙科 X 射线机（图 1-1-1），又称牙片机，通常用来拍摄单颗牙齿及其牙周状况，其结构相对简单，价格低廉，单次辐射剂量远低于全景片和 CT。其拍摄的放射线片称为根尖放射线片或口内牙片，为高分辨率的二维影像，可以反映缺牙部位的骨质状态、种植体植入后周围牙槽骨的骨质状态、种植体近远中向轴向及植入深度、种植体和邻牙及相关解剖标志的位置关系、上部结构和基台与基台和种植体的密合程度，并用于种植修复完成后长期随访了解牙槽嵴骨吸收情况。目前数字化根尖放射线片具有较高的空间分辨率和灰度分辨率，可以进行图像分析和处理。

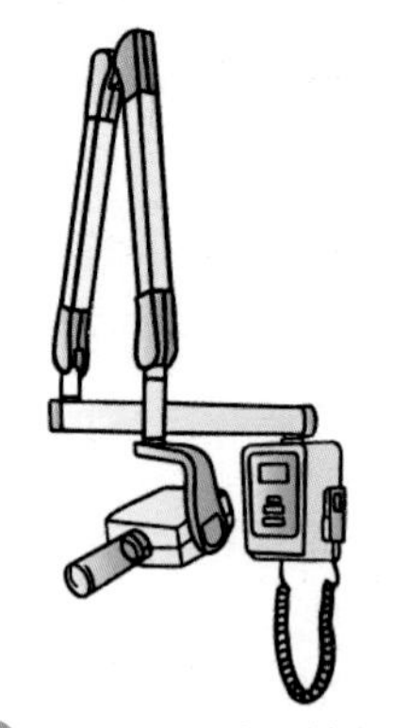

图 1-1-1　牙科 X 射线机示意图

移动牙科 X 射线机

一种便携式小型移动 X 射线放射设备，广泛应用于急诊科、ICU 病房、儿科、手术室和骨科等临床科室，对不宜移动的患者进行床边摄影，尤其是对术中、急、重症患者及隔离区内传染患者有更高的应用价值。

二、使用与维护

（一）患者体位

座椅呈水平位，背托呈垂直位，患者坐在椅子上呈直立姿势，头部矢状面与地面垂直（图 1–1–2）。投照上颌后牙时，外耳道口上缘至鼻翼之连线（听鼻线）与地面平行。投照上颌前牙时，头稍低，使前牙的唇侧面与地面垂直。投照下颌后牙时，外耳道口上缘至口角之连线（听口线）与地面平行。投照下颌前牙时，头稍后仰，使前牙的唇侧面与地面垂直。

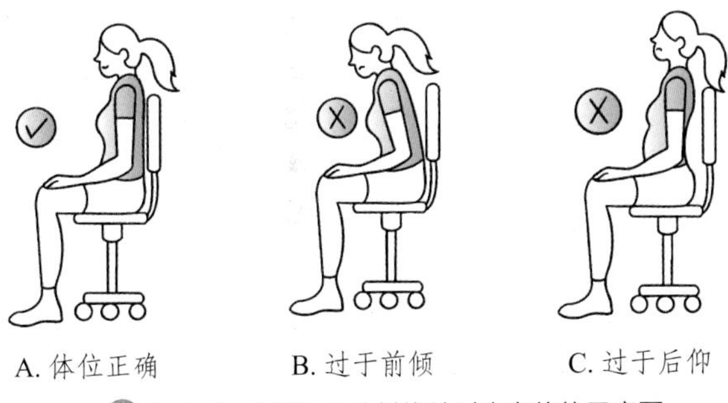

A. 体位正确　　B. 过于前倾　　C. 过于后仰

图 1–1–2　拍摄根尖放射线片时患者体位示意图

（二）成像工具选择

1. 胶片　现在最常用的也是最传统的成像工具是胶片，或称 IP 板磷光片、感光板，需要配合牙片宝使用，有 4 种型号（图 1–1–3）。

- **0 号**　主要是拍儿童的牙齿
- **1 号**　用于拍摄儿童的牙齿，或者成年人下前牙
- **2 号**　使用最频繁，可用于大多数牙位拍摄
- **3 号**　主要用于尖牙的拍摄

图 1–1–3　不同型号胶片

使用时将其装入一次性胶套，白色面对着胶套的黑色面，撕开胶套边上的白色胶纸将胶套封好，拍片时胶套黑色面贴着牙齿，并对准机器出光口，拍片后，从胶套的切口处撕开胶套，将胶片拿出并插入主机中读取图像。胶片价格便宜、成像清晰，但其操作略微复杂，且存在变形风险。

2. 数字化传感器 数字化传感器又称光子计数X射线探测器，分为两种尺寸：2.1cm × 2.1cm 和 2.5cm × 3.0cm，可实时成像，无需扫描胶片，操作简易，多配合便携式手持X线机使用，可提升牙科诊疗能效，同时促进成本的下降和性能的提升，可浸泡消毒，避免二次感染，使用寿命长。其为硬质板状设计，可有效避免变形，但是对于口底浅的患者不易拍到根尖，且线缆限制了适用范围，易损坏。传感器使用方法与结构分解见图 1-1-4。

A．传感器使用方法

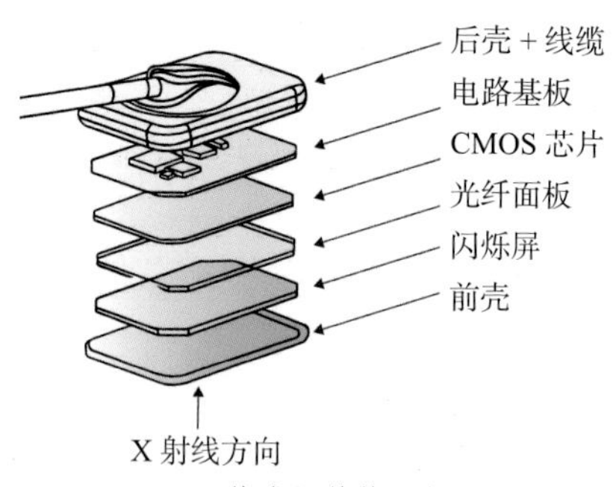

B．传感器结构分解

图 1-1-4 传感器使用方法与结构分解图

（三）胶片分配

成年人进行全口牙齿检查时，需拍摄 14 张胶片。儿童进行全口 X 线检查时，一般采用 10 张 2cm × 3cm 胶片，其分配方法见图 1-1-5。

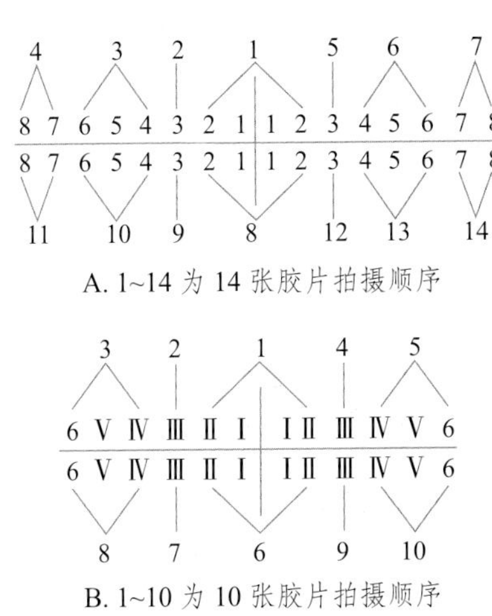

A. 1~14 为 14 张胶片拍摄顺序

B. 1~10 为 10 张胶片拍摄顺序

图 1-1-5 根尖片胶片分配

（四）胶片放置及固定

胶片放入口内应使胶片感光面紧靠被检查牙的舌（腭）侧面。投照前牙时，胶片竖放，边缘要高出切缘 7mm 左右，投照 12 时，应以 11 的切缘为标准；投照后牙时，胶片横放，边缘高出殆面 10mm 左右。留有这些边缘的目的是能使照片形成明显的对比及避免牙冠影像超出胶片。胶片放好后，嘱患者用持片夹固定。

（五）分角线投照技术

由于根尖片拍摄时胶片安放不可能完全与牙长轴平行，中心射线垂直通过牙或胶片都会造成牙影像的失真，所以采用分角线投照。当胶片放入口内与被照牙牙冠及相应牙槽突紧贴时，胶片通常都会与被照牙呈一角度，X 线中心射线垂直通过胶片与牙之间的假想的分角线，即可得到牙的正确长度，为临床治疗提供准确的信息。分角线投照技术是目前临床最常用的投照法。分角线投照技术与平行投照技术示意图见图 1-1-6。

1. X 线中心线倾斜角度　对于多根牙，由于颊舌根不在同一平面上，为了精确地显示每个牙根的长度，应对每个牙根的情况采用不同的 X 线中心线投照角度。这在实际工作中较

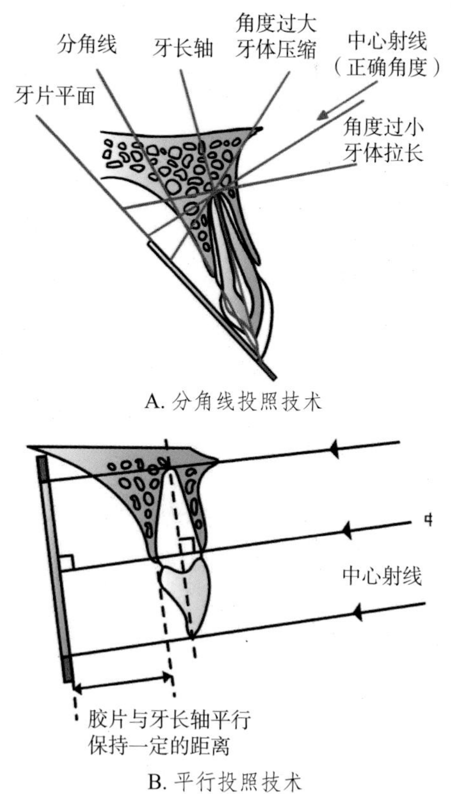

A. 分角线投照技术

B. 平行投照技术

图 1-1-6　分角线投照技术与平行投照技术示意图

难做到。表 1-1-1 为目前在临床工作中最常应用的 X 线中心线投照角度，一般可显示比较正确的牙图像。如果牙排列不整齐、颌骨畸形或口内有较大肿物妨碍将胶片放在正常位置上时，可根据牙的长轴和胶片所处的位置改变 X 线中心线倾斜角度。如遇腭部较高或口底较深的患者，胶片在口内的位置较为垂直，X 线中心线倾斜的角度应减少；而对于全口无牙、腭部低平、口底浅的患者，则胶片在口内放置的位置较平，X 线中心线倾斜的角度应增加。儿童因牙弓发育尚未完成，腭部低平，X 线中心线倾斜的角度应增加 5°~10°。

表 1-1-1 投照上下颌牙齿时 X 线倾斜方向和平均角度

部位	X 线倾斜方向	X 线管倾斜角
上颌切牙位	向足侧倾斜	+42°
上颌单尖牙位	向足侧倾斜	+45°
上颌双尖牙及第一磨牙位	向足侧倾斜	+30°
上颌第二、三磨牙位	向足侧倾斜	+28°
下颌切牙位	向头侧倾斜	–15°
下颌单尖牙位	向头侧倾斜	–18°~–20°
下颌双尖牙及第一磨牙位	向头侧倾斜	–10°
下颌第二、三磨牙位	向头侧倾斜	–5°

X 线中心线与被检查牙长轴和胶片之间夹角的分角线的角度称为垂直角度，应尽量呈直角投照。X 线中心线向牙近、远、中方向所倾斜的角度称为 X 线水平角度。由于个体之间牙弓形态可以有较大区别，X 线水平角必须随患者牙弓形态进行调整。其目的是使 X 线与被检查牙的邻面平行，以避免牙影像重叠，影响诊断。

2. X 线中心线位置 投照根尖片时，X 线中心线需通过被检查牙根的中部，其在体表的位置如下。

（1）投照上颌牙时：以外耳道口上缘至鼻尖连线为假想

连线，X 线中心线通过部位分别为：投照上中切牙时通过鼻尖；投照上侧中切牙及侧切牙时，通过鼻尖与投照侧鼻翼之连线的中点；投照上尖牙时，通过投照侧鼻翼；投照上前磨牙及第一磨牙时，通过投照侧自瞳孔向下的垂直线与外耳道口上缘和鼻尖连线的交点，即颧骨前方；投照上第二磨牙和第三磨牙时，通过投照侧自外眦向下的垂线与外耳道口上缘和鼻尖连线的交点，即颧骨下缘。

（2）投照下颌牙时：X 线中心线均在沿下颌骨下缘上 1cm 的假想连线上，然后对准被检查牙的部位射入。

X 线中心线投照角度及标志点见图 1–1–7。

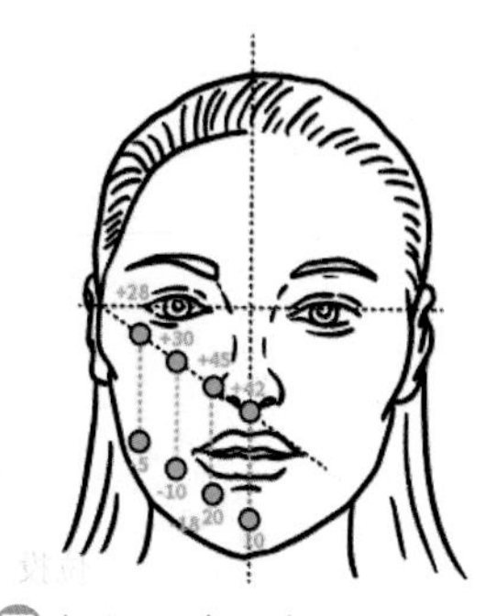

图 1–1–7　投照角度及标志点

（六）平行投照技术

平行投照技术又称为直角技术、长遮线筒技术或长焦距平行投照技术。此技术需要一专用持片并可与遮线筒连在一起的装置，操作比较费时，目前在我国尚未能普遍应用。要求投照时胶片与牙长轴平行，中心射线垂直牙长轴及胶片，投照程序相对较复杂，而且上下颌骨的形状不一样也造成投照的困难。采用平行投照技术的主要目的是拍摄牙及其周围结构真实的 X 线图像。这种投照方法所产生的牙变形最小。在放置胶片时，为了保证胶片和牙长轴平行，不得不将胶片稍稍远离牙。为了避免因此而造成的 X 线图像放大，投照时需使用长遮线筒。这样便使射线穿过牙时几乎为平行的中心线，而且基本上消除了可以造成 X 线图像放大和变形的散射线。由于使用长遮线筒，在投照时所需要的曝光量较大。因此，最好采用高电压 70~90kV 并应使用快速胶片，以减少曝光时间，降低曝光量。

根尖片分角线投照技术和平行投照技术的优缺点如表 1-1-2 所示。

表1-1-2 根尖片分角线投照技术和平行投照技术的优缺点

技术类型	优点	缺点
分角线技术	操作简便，患者本人可用手指固定胶片，无需特殊持片器和定位投照装置	由于X线中心线与牙长轴和胶片不垂直，而是根据一条假想的角平分线来调整X线中心线的方向，往往不够准确，因而所拍摄出的牙图像往往失真变形，特别是在拍摄多根牙时会更为明显，因此不能准确测量可用骨的高度，不能作为种植术前诊断设计的依据
平行投照技术	X线中心线与胶片表面垂直，在技术上容易得到保证，由于牙长轴与胶片平行，X线中心线与牙长轴和胶片均垂直，因而拍摄出的X线图像可以较准确、真实地显示牙及牙周结构的形态和位置关系，可将放大率控制在10%以内，能够纵向对比种植体植入后不同时期垂直向的骨质和骨量变化情况	要求使用持片器和定位指示装置，操作比较费时

（七）拍摄过程

将传感器或图像板放入配置的小塑料袋内（防止医源性感染），然后放入口腔内所需拍摄的部位，选择相应的曝光时间。有线连接的图像可以直接在监视器上显示，无线连接数字化系统则将图像板放入扫描仪中扫描。

（八）术后检查

根尖放射线片在大多数情况下都是作为术后检查种植体的骨愈合状况的判断手段，尤其是前牙区；同时也可以用于曲面体层片观察上颌窦底不是很清楚时的辅助诊断。

（九）范围局限

根尖放射线片尺寸较小，不能显示受检区域全部解剖结构，不能充分显现局部的解剖及生理、病理表现。由于口底肌群在下颌骨的附着和上颌穹窿的限制，常常拍摄不到根尖位置的牙槽骨。

（十）根尖放射线片常见错误

根尖放射线片常见错误及可能原因见表 1-1-3。

表 1-1-3　根尖放射线片常见错误及可能原因

错误类型	可能原因
图像边缘出现白色区域	感光板表层失粘接
图像上出现细白线	感光板划损
图像上出现多颗粒	曝光不足
图像上出现细锯齿线	扫描仪中存在灰尘
图像上出现较浅的“手指形”区域	感光板表面指纹
图像角落区域较暗	固态传感器中光电池的损伤
“大理石效果”	过热
图像部分较淡	感光板弯曲

（十一）维护

1. 在每台设备投入使用前，设立专门人员负责，责任到人。

2. 不使用设备时，断电保存在通风良好、温湿度合适的干净房间，每次使用开机检查显示和指示灯是否正常。

3. 使用结束后，轻拿轻放影像板等重要部件。

4. 如果长期放置不用，需要定期对移动 X 射线机内部电池放电充电，检测设备是否处在正常工作状态，确保需要使用时，机器能正常工作。

5. 建议每三个月检查以下项目。

（1）检查整机开机自检是否正常。

（2）检查机械部分是否有松动现象，运动轮是否正常。

（3）检查电路板固定和腐蚀情况，并进行除尘。

（4）检查运动臂是否灵活，有无异响。

（5）检查 X 射线发生器组件和限束器功能是否正常，电池是否出现老化等。

可接受影像质量标准

在考虑射线图像的质量时，有许多因素要考虑，如射线照相技术、图像类型（胶片或数字）和/或图像处理，以确定图像的特定等级是否达到了用于诊断的标准。以下分级已被更新，但仍可在文献和一些临床医生中使用。

1级 在患者准备、曝光、定位、处理和/或胶片处理中没有普遍错误，图像质量优良。

2级 当患者准备、曝光、定位、处理和/或胶片处理出现一些错误时，给出诊断可接受的图像。虽然这些错误可能是普遍的，但它们不减损X线片的诊断效用。

3级 当患者准备、曝光、定位、处理和/或胶片处理出现重大错误，导致X线片诊断无法接受时。

2020年，英国一般牙科实践学院（FGDP）更新了图像质量评级和分析的简化系统指南，新制度的等级如下所述。

1. 诊断上可接受（A）= 患者准备、曝光、定位、图像处理均无错误或最小错误，且图像质量足以回答临床问题。

2. 诊断上不可接受（N）= 患者准备、曝光、定位或图像处理均存在错误，导致图像无法诊断。

A级X线片的目标数字图像不低于95%，胶片图像不低于90%。因此，N级X线片的目标对于数字图像不超过5%，对于胶片图像不超过10%。

第二节 口腔曲面体层X射线机

一、简介

口腔曲面体层X射线机（图1-2-1）也被称为全景机，通过控制X射线源与影像接收器围绕一个在曲线上运动的圆心进行转动的复合运动实现对人口腔牙弓线的断层聚焦摄影。这种断层摄影可以很好地将聚焦曲面（即聚焦层）以外的组织虚化，突出呈现聚焦层上的解剖结构信息的特点，避免了解剖结构相互叠加为医生诊断带来的干扰；此外，其还具有剂量较低（相对于CBCT）、成像速度快、视野广等优点。曲面体层射线片是口腔种植治疗最常用、最重要的影像学检查手段之一，能在一张放射线片上反映种植治疗所需的大部分信息，如牙槽骨的垂直高度、骨质密度、下颌管和上颌窦底至牙槽嵴之间的距离、鼻底的位置以及颌骨是否存在其他病变等，是种植手术前的常规检查。数字化的曲面体层摄影技术更加清晰地显示骨小梁等细微结构，当下颌管等结构难以分辨时，通过调整放射线片的灰度、亮度和对比度等进行对比分析，能够达到辨认的目的。

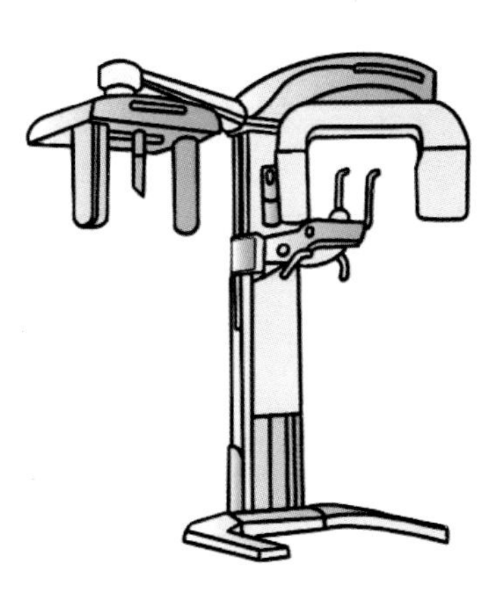

图1-2-1　数字化口腔曲面体层X射线机示意图

曲面体层摄影是在一般平面体层摄影的基础上发展起来的，是利用体层摄影和狭缝摄影原理设计

数字化与传统曲面体层 X 射线机的区别

数字化曲面体层 X 射线机的工作原理（图 1-2-2）与普通胶片曲面体层 X 射线机基本相同，唯一不同的是数字化曲面体层 X 射线机是一种数字 X 线摄影（DR）设备，采用电荷耦合元件（CCD）影像板同步获得图像直接在电脑屏幕上显示出来，然后保存在电脑中，通过网络传输到医师的终端上，患者无需等待。或者通过医院的图像储存与通信系统（PACS）进行存储和调用。

还有一种数字化曲面体层 X 射线机是用 CR 的方式，即采用 IP 板获得所需的图像数据，通过扫描 IP 板上的信息获得一张完整的数字化曲面体层片。

在没有数字化曲面体层 X 射线机的医疗单位也可以通过间接数字化的方式获得数字化的图像。利用透射扫描仪将胶片扫描获得图像，存入电脑，再利用软件进行分析。

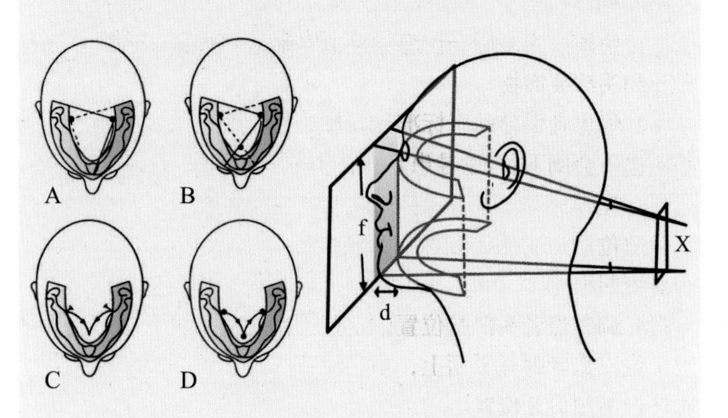

图 1-2-2　口腔曲面体层 X 射线机成像原理示意图

的固定三轴连续转换曲面体层摄影技术。平面体层摄影是以身体某一平面为轴心，摄影结果仅能使该层结构的平面影像清楚显示。然而颌骨为一弯曲结构，故摄影必须以符合颌骨弧形结构的弯曲弧面为轴心，才能将颌骨在一次摄影过程中，完全投照到一张 X 线片上。鉴于人的颌骨并非是一规则的圆弧，而是呈一类似马蹄形结构，因此，全景机设计原理系运用圆弧轨道进行体层摄影而达上述目的。此种设计，是以一侧的颞颌关节至同侧尖牙区为一弧度，该圆弧的圆心 ①在对侧第三磨牙外后方；再以两侧尖牙之间的结构为第二弧度，该弧的圆心②在切牙后方（相当于切牙与尖牙切线的垂线相交点）；再以对侧尖牙至对侧颞颌关节间为第三个弧度，其圆心 ③在原侧第三磨牙的外后方。上述三个弧线相连，正好为所适应的弧形轨道。但是每个个体颌骨的形态、大小是不一致的，即使是同一患者，由于颌骨是不规则的，不同部位与 X 线球管、胶片的距离不同，所以失真率也会存在差异。

二、使用与维护

（一）拍摄口腔曲面体层 X 线片

1. 使用前先复位，让患者穿上铅衣进入拍摄的区域，去掉脖子和头部装饰物。

2. 将患者引导站至标准拍摄位（身体稍稍向后倾斜，不抓手柄也不会倒下），引导患者抓住手柄。

3. 在咬合块上套一次性卫生套，将颌托降至最低后向上调至合适位置，引导患者将下巴放在颏托板中，前牙咬住齿间咬合装置凹槽处。

4. 调整患者头部的位置，定位指示线，法兰克福线（水平线）位于患者眶耳平面上，垂直线在患者正中间位置，尖牙线在患者上颌尖牙位置。

5. 保证患者在最佳的拍摄体位（图 1-2-3），让患者舌尖顶住上颚，保持不动，调整管电压值或放到自动曝光档，准备完毕后，持续按下曝光开关，曝光指示灯亮，X 线产生；待机器转动到位后，自动切断曝光开关，曝光指示灯熄灭；曝光时间一般为 16~20 秒。选择自动曝光档时，X 射线机可自动调整曝光参数。

6. 为患者脱下铅衣，扔掉卫生套，引导患者离开照片室，按下复位键，机器自动复位。

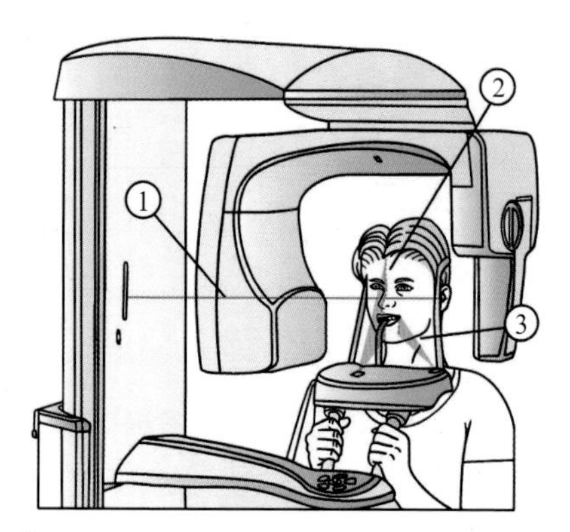

图 1-2-3　口腔曲面体层 X 射线机患者体位

①法兰克福线（水平线）；②垂直线；③尖牙线

（二）拍摄头颅定位 X 线片

1. 使用前先复位，引导患者穿上铅衣，去掉脖子和头部装饰物，进入拍摄的区域。

2. 让患者双脚并拢，自然站直，双手自然下垂，水平目视前方，调整拍摄高度，将耳孔定位装置固定到患者双侧外耳道内，调节额前定位尺并放置于患者鼻根处，引导患者上下磨牙咬紧，嘱咐患者拍摄时保持静立不动（正位模式需将头颅定位装置旋转 90°）。

3. 准备完毕，持续按下曝光开关，到所选时间后自动停止曝光。

4. 为患者脱下铅衣，引导患者离开照片室，按下复位键，机器自动复位。

（三）全景片看点

全景片看点示意图见图 1-2-4。

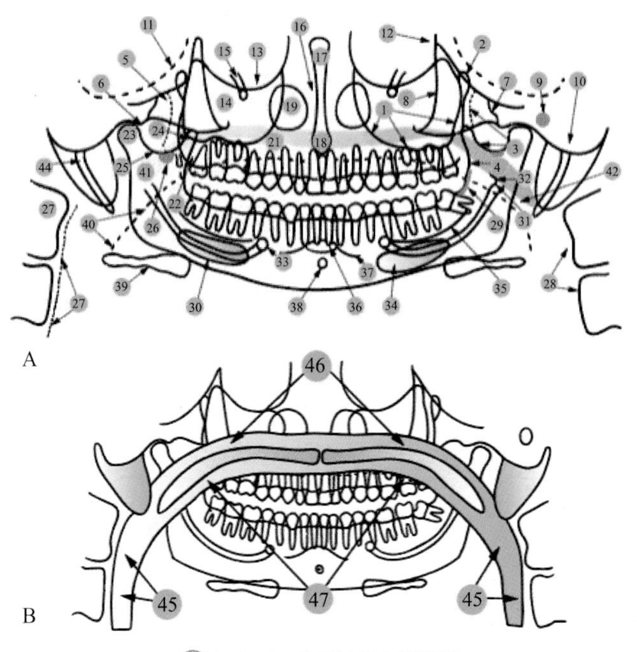

图 1-2-4　全景片看点示意图

1. 上颌窦；2. 翼突隙；3. 翼突外侧板；4. 翼钩；5. 颧弓；6. 颞骨关节结节；7. 颧颞缝；8. 颧突；9. 外耳道口；10. 乳突；11. 中颅框；12. 眼眶外侧缘；13. 眶下缘；14. 眶下孔；15. 眶下管；16. 鼻腔；17. 鼻中隔；18. 前鼻棘；19. 下鼻甲；20. 切牙孔；21. 硬腭；22. 上颌结节；23. 下颌骨髁突；24. 下颌骨喙突；25. 下颌乙状切迹；26. 近中乙状窝；27. 茎突；28. 颈椎；29. 外斜线；30. 下颌管；31. 下颌孔；32. 下颌小舌；33. 颏孔；34. 下颌下腺窝；35. 内斜线；36. 颏窝；37. 颏嵴；38. 颏棘；39. 舌骨；40. 舌；41. 软腭；42. 悬雍垂；43. 咽后壁；44. 耳垂；45. 舌咽空气腔；46. 鼻炎空气腔；47. 腭舌空气腔。

（四）曲面体层 X 线片放大率 / 失真率

1. 放大率 / 失真率 曲面体层 X 线片的影像在垂直方向和水平方向上均存在失真率。一般认为曲面体层 X 线片的失真率为 10%~30%。在临床工作中，大多数医师也常常按 20% 的失真率来进行工作。但不同的机器，不同的区域，甚至不同患者同一区域，曲面体层 X 线片上显示的失真率都是不同的。对于各个部位失真率的大小，学者们有着不同的看法。由于曲面体层机失真率不稳定，对颌面部三维真实情况显示不足，降低了评价牙槽骨垂直高度和近远中宽度的准确性，并且对下颌管和上颌窦等重要解剖结构位置的判断容易产生误导作用，在种植方案设计中仅适用于牙槽嵴顶丰满且平坦的病例，不适用于牙槽骨嵴呈刃状，牙槽骨向舌侧突起倾斜的病例。

在常规位置下各区域种植体失真率见表 1–2–1。

表 1–2–1 在常规位置下各区域种植体失真率

常规位		范围	均值
前牙区失真率（%）	水平	–20~ –11.4	–16.4
	垂直	12~16.8	14.6
前磨牙区失真率（%）	水平	–12.5~ –2.9	–7.1
	垂直	14.4~16.8	15.8
磨牙区失真率（%）	水平	–7.5~0	–4.2
	垂直	16.8~18.4	17.9

曲面体层 X 线片放大率 / 失真率图示见图 1–2–5。

2. 失真率的影响因素

（1）颌骨不规则：不同部位与 X 线球管、接收器（或胶片）的距离不同，从而使不同部位的失真率出现差异。放射线与上颌骨不存在角度变化问题，垂直方向上的放大率较为恒定。水平方向上，通常下颌比上颌的放大率大，后牙区比前牙区放大

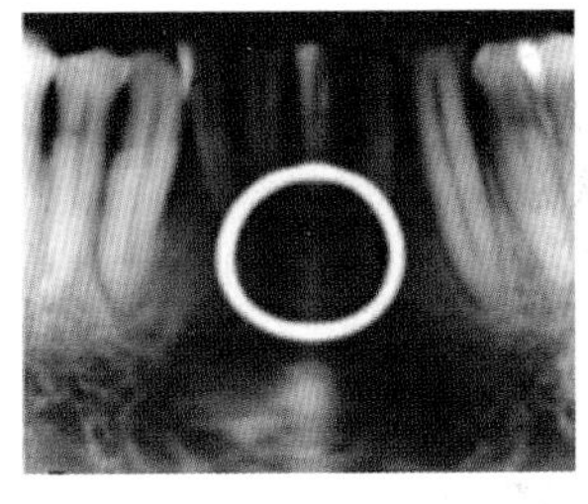

A. 正常影像

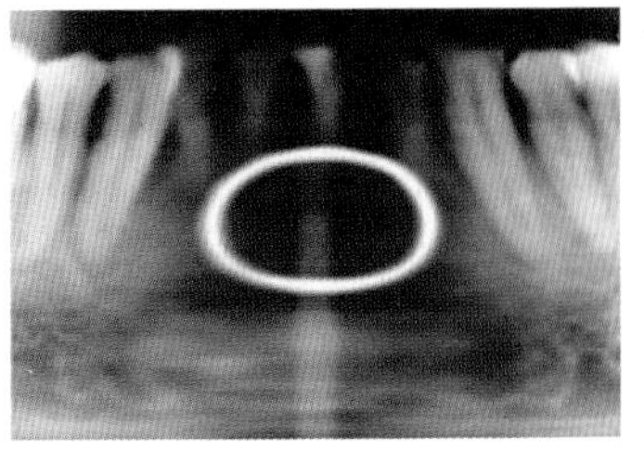

B. 水平失真

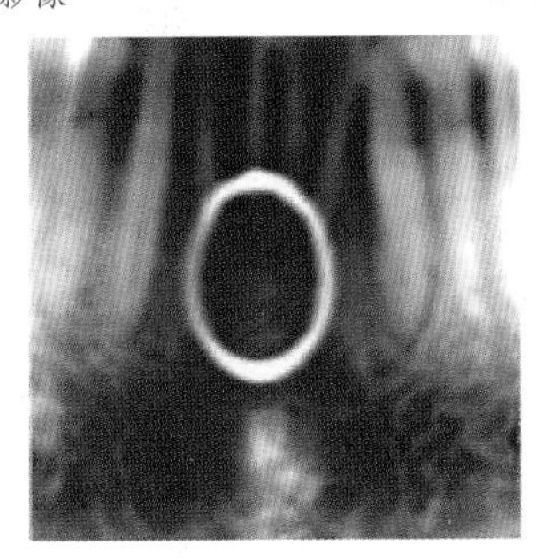

C. 垂直失真影像

图1-2-5　曲面体层X线片放大率/失真率图示

率大，在单侧颌骨内测量数据较为可靠。如果患者头颅或殆畸形严重，如牙弓呈“尖”形或“八”形，常常会因为位置安放困难而造成影像失真更加明显。

（2）患者头位摆放：由于接收器（或胶片）与X线球管的位置是固定的，因而曲面体层X线影像的失真率随头颅位置的变化而变化。患者的头位靠前，会造成影像的缩小；患者的头位靠后，则造成影像的放大；若矢状面与地面不垂直，则牙齿相互重叠，左右大小不一致。根据患者颌骨的部位与放射线球管焦点之间的距离和机器旋转系统中心位置的不同，水平方向上的放大率变化很大。大多数曲面体层X线机都以切牙咬合板来指导患者头颅的定位，通常有牙颌者的定位比无牙颌者定位容易得多，准确性及可重复性更高。另外，对于传统曲面体层X线机，在冲洗条件、胶片的选择使用等方面有很大的不确定性，会在一定程度上影响曲面体层X线片的失真率。

（3）曲面体层X射线机品牌：不同厂家设定的曲面体层X射线机的放大率不同，放置模块金属球的放大率也不尽相同。因此，只有通过实物与影像显示大小进行换算，才能得到曲面体层片真正的放大率，间接判断牙槽骨高度及宽度。

3. 矫正方法

（1）图像数字化：间接数字化图像的计算机辅助测量得到的失真率比直接测量小很多。在实际工作中，直接数字化图像的失真率甚至更小或者完全没有失真。可以认为利用计算机软件来分析数字化图像是矫正失真、减小误差的可靠方法。

（2）使用放射模板：在曲面体层X线片上，结合带有已知直径X线阻射参照物的放射模板可较为准确地测量牙槽嵴的高度。如果使用了放射模板，先测量阻射钢珠的大小数值，了解其放大或者缩小的比例，根据获得的数值计算出本次照片的失真率。在严格控制投照条件的情况下，患者的体位是可以重复的，使用放射模板来矫正曲面体层X线片的失真率也足够准确。

（3）利用测量工具：用标准尺子或者由种植体厂家提供的胶片模板进行测量，以确定种植体的大小和长度。也可以把由种植体厂商提供，印有与曲面体层X线片相同失真率的、不同大小的种植体图像的透明胶片与曲面体层X线片重叠起来比较，确定拟选择的种植体大小。但不同厂商生产的曲面体层X射线机失真率各不相同，且为标准体位下的平均失真率，而每个个体的颌骨大小、形态不同，使固有的失真率并不准确，与实际工作中的失真率差异较大。

（五）判断颏管位置

曲面体层X线片能够显示下颌神经管近、远、中向上的走行和垂直向上的位置，却难以精确显示出颏管的位置，一般通过颏孔和下颌管的水平相对位置来判断。通常，颏孔向前延伸 5.0mm 为颏管长度。

（六）减少结构变形

拍摄曲面体层 X 线片时，颌骨位于放射线球管和 CCD 接收器（或胶片）之间，放射线球管与 CCD 接收器（或胶片）按颌骨的弧度作相反方向的运动，从而获得一层近似弧形颌骨的体层影像。但颌骨并非标准的弧形，为了防止牙弓上的组织结构偏离扫描层面，在扫描过程中需要不断地调整旋转中心，通过加快和减慢 CCD 接收器（或胶片）的相对速度来获得理想的曲面体层影像。这种调整是根据设备预设的平均颌程序来完成的。平均颌的概念是将颌骨分为不同形状（尖圆形、卵圆形和方圆形）和不同牙弓宽度（大、中、小），并且进行组合设定成为不同的程序。尽管如此，仍然不能完全包括个体存在的差异，所拍摄的影像仍有可能发生结构变形。上颌后牙区的扫描层较厚（约 20mm），前牙区的扫描层较薄（约 6.0mm），因此上颌后牙区的扭曲程度最低。

（七）上颌与下颌前牙区牙槽骨影像模糊现象

原因在于该区域牙槽骨厚度较低、倾斜明显和牙弓弧度较大等。这种现象在上颌无牙颌患者尤为明显。拍片时，通过调整颌骨的前后位置和改变眶耳平面的角度，或只保证上颌前牙区的清晰度，不考虑颌骨其他部位的扭曲程度，来获得满意的上颌前部牙槽突影像。当无法获得满意影像时，可通过根尖放射线片弥补不足，亦可拍摄 CBCT 获得理想的影像。

（八）影响曲面体层片质量的因素

1. 患者因素 患者前牙缺失，无法咬住定位咬合板，导致中线偏移；患者颈部粗短，摆放拍摄位置困难，容易造成影像失真；患者的姿势正确可减少颈椎的影子，获得干净的影像。有的患者因残疾或者其他病理和生理状况也会影响拍片的质量。

2. 拍摄时技术原因 患者颏部前移或者后移可以导致图像的缩小或者放大；拍摄者的责任心和技术能力以及对影像的认识也会对照片质量产生影响。一般以患者笔直站立状态拍摄。在特别情况下，可坐在凳子（无靠背的椅子）上拍摄，勿使椅子挡住激光束或者妨碍设备操作。

3. 设备本身 机器本身设定的放大率不是相同的，由各个生产厂家决定，操作人员应提前了解。

（九）拍摄错误举例与解决方法

1. 现象 1 前牙部分出现严重缩小和模糊的现象，而且整个图像中间太集中。

原因：图片中牙齿的位置和正常位置相比是离设备更近的拍摄情况。

解决方案：确认患者是否咬住咬合块的槽，然后调整患者的位置不要太靠前，确认尖牙线是否对准上颌尖牙。

2. 现象 2 前牙部分很宽且模糊，下颌骨变暗。

原因：图片中牙齿的位置和正常位置相比是离设备更远的拍摄情况。

解决方案：确认患者是否咬住咬合块的槽，然后调整患者的位置不要太靠后，确认尖牙线是否对准上颌尖牙。

3. 现象 3 获得的不是弧形的微笑线而是 V 字线的牙齿影像，下前牙出现部分扩大的现象。

原因：患者的头低得太低，下颌部分相对正常的位置太靠后。

解决方案：引导患者要抬头，平视前方，调整法兰克福线在眶耳平面。

4. 现象 4 上颌前牙部分扩大而且模糊，整个牙齿呈现出“一”的形状。

原因：患者的头抬得太高，上颌部分和正常的影像相比太靠后。

解决方案：引导患者将头稍低一点将全景机略微下降一点。

参考事项：为了看清下颌部分或者获得不重叠的影像而采取这样的拍摄方法。

曲面体层片由于患者头位造成错误示例见图 1–2–6。

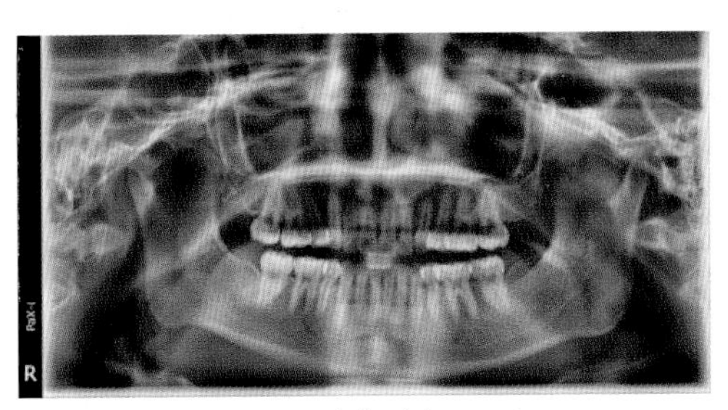

A. 头位过高

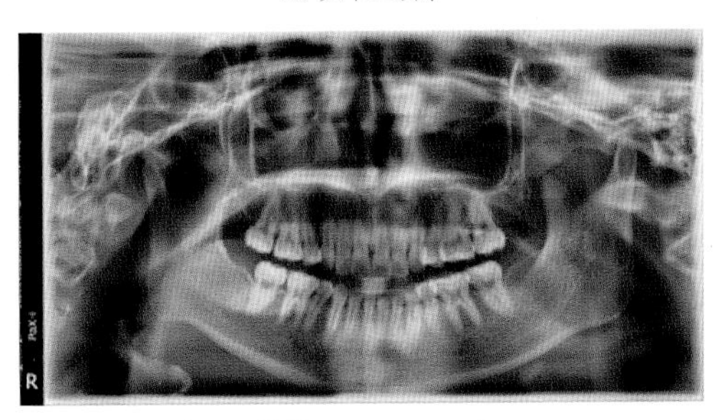

B. 头位正确

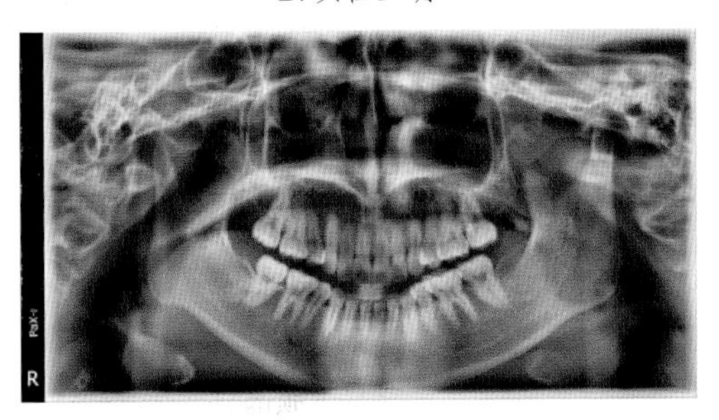

C. 头位过低

图 1–2–6　曲面体层片由于患者头位造成错误示例

5. 现象 5 影像向一边倾斜，左右的放大率不同而且很模糊。

原因：患者的头部产生倾斜。

解决方案：拍摄前调整患者的脸正确地对准垂直线。

6. 现象 6 影像左右的放大率不同，导致一边的下巴比较长。

原因：拍摄的时候患者的头转动了。

解决方案：将患者的脸对准垂直线，确认位置摆放正确推紧两侧夹板固定头部。

7. 现象 7 影像中间出现金字塔形的 Ghost-Image（白色的部分）。

原因：患者的颈椎必须是垂直的，但图像中患者的颈椎却是弯曲的。

解决方案：使患者的头部垂直，收紧下巴并且挺胸（立正的姿势），引导患者抬起头部，将全景机略微升高。

8. 现象 8 影像偏亮，而且非常模糊。

原因：X 射线量较小所产生的现象。

解决方案：调整提高管电压（kVp）、管电流（mA）的设定。

9. 现象 9 影像偏暗。

原因：X 射线量较大所产生的现象。

解决方案：调整降低管电压（kVp）、管电流（mA）的设定。

（十）激光束

激光束不能用于排列患者姿势以外的其他目的。请注意激光束不要直接照射到患者的眼睛，微量的激光束也会引起永久性视力损伤。

（十一）维护

1. 使用时应预热，两次曝光之间要有一定间歇时间。

2. 保持机器表面洁净，绝对不要把重物品放在设备上或挂在设备手臂部件上。

3. 经常检查活动部件，加油或固定等。

4. 定期进行安全检查，主要检查接地装置。

5. 保证机器处于水平位置，使其运行平稳。

6. 保证双耳塞对位良好，发现错位应及时调整。

7. 在设备启动半径内请不要摆布任何物体。拍摄时可能会造成设备损伤。

8. 注意不要碰到水、湿气或异物。

9. 为了设备的安全运行，请保持最低温度（10~35℃）。不在此范围拍摄的话，画质会变差。过高的温度变化后，在设备上会产生凝结水。达到一般常温时再打开设备的电源开关。

10. 设备通风口绝对不要封。若通风口被堵因空气循环障碍会导致设备过热。请把消毒液倒在布上使用。

11. 请不要把电子器械、数字表等电子产品放在设备上或配置在周边。

12. 不要使用湿抹布、喷雾器等，否则会引起电子冲击或设备损伤。不要用喷雾器杀菌消毒，喷射的杀菌消毒剂有起火的危险。

13. 若长时间不用设备，在使用前应有充分的预热时间，请特别管理。这样可延长 X 射线球管的寿命。

14. 请不要使用和丙酮、汽油一样的研磨剂，其会对设备表面产生损伤；不要使用含有硅成分的清洁产品，因为硅沉淀会导致电气接触方面的问题。

15. 为保证球管的散热良好，需保证机房温度在 22℃左右，否则会导致散热不良；另外，在大量曝光时，球管会过热保护，从而影响球管寿命，因此应避免大量曝光。

16. 在安装 CCD 感应器时，务必正确安装，对准卡扣，否则几个排针会歪斜或断裂，接口无法正确连接，可能导致整个 CCD 感应器报废。

17. 由于机架在曝光时是旋转的，电源板到逆变板的控制线每曝光一次，光线就会来回扭动一次，力集中于一点。长时间的曝光会导致金属疲劳进而造成线断裂，因此，为延长此线束的使用寿命，应尽量避免短时间内大量拍片。

18. 季度保养：一般全景机在出厂时，设置了曝光超过几千或几万次开机后维护提示，此时需要进入用户程序消除提示，并检查机械运动部件、接插件、紧固件和控制微动开关调整等。

19. 年度保养：口腔全景 X 射线机结构复杂，含有大量机械运动部件、升降部件等。年度保养主要包括润滑机械运动部件；清理维护配套的工作站电脑；检查接插件、转盘、丝杆、滑杆等运行情况；检查清洁微动开关的运动导轨、侧位丝杆皮带及紧固易松动螺钉等；检查内部线束的强度，这些需要专业人员完成。

第三节 口腔锥形束 CT 设备

一、简介

口腔锥形束 CT 设备（CBCT/CBVT）又称 CBCT 机，于 20 世纪 90 年代初面世，由 X 线成像设备、数字化传感器及计算机系统组成（表 1-3-1），可以分为卧式、坐式及立式三种类型（图 1-3-1），是近年来口腔影像领域最新的 X 线成像技术。这种成像技术在保证放射剂量接近数字化曲面体层成像的同时，带来比普通二维影像更多的信息，现代 CBCT 设备精度所能达到的平均值大约为 0.15mm，并且可在设备配套软件中实现三维重建。其影像直观，可满足诊断中对目标空间定位和判断的需求，可用于种植、正畸、牙周、牙体牙髓及正颌外科，进行术前计算机模拟和治疗方案规划，提高手术准确度、安全性和成功率，也使整个治疗过程更加快捷、手术效果更加理想。

表1-3-1 CBCT机*系统组成部分简介

CBCT系统组成	简介
X线成像设备	产生X线的部分，包括球管、机械部分、电路系统、控制部分，多为完全数字化系统。坐式及立式的结构与普通口腔曲面体层X射线机相同，而卧式的结构与螺旋CT相似
数字化传感器	当进行X线曝光时，数字化传感器接收X线信号，通过计算机接收和储存；曝光结束后，获得的图像信息通过计算机后处理。从材料的角度看，目前数字化传感器有CCD传感器、互补金属氧化物半导体（CMOS）和非晶硅（非晶硒）等平板传感器
计算机系统	一般包括影像重建工作站及影像数据存储服务器。影像重建工作站将传感器接收到的X线信号经过特殊算法重建出三维影像。一般使用特殊操作系统及软件，用户无需进行操作和管理。影像数据存储服务器一般基于Windows平台，使用厂家专用的影像处理软件进行影像的管理。用户使用中所接触的就是这台计算机，它可以进行包括影像的存储、调用、图像处理、虚拟计划等工作。除以上两台计算机外，还有一类计算机称为影像客户端计算机，它们通过以太网与影像数据存储服务器相连，通过网络传输影像资料，用户可以就近使用客户端计算机完成除储存以外的其他影像处理、诊断及管理工作

*：也有文献将CBCT机系统组成分为扫描部分、计算机系统、图像显示和储存系统。

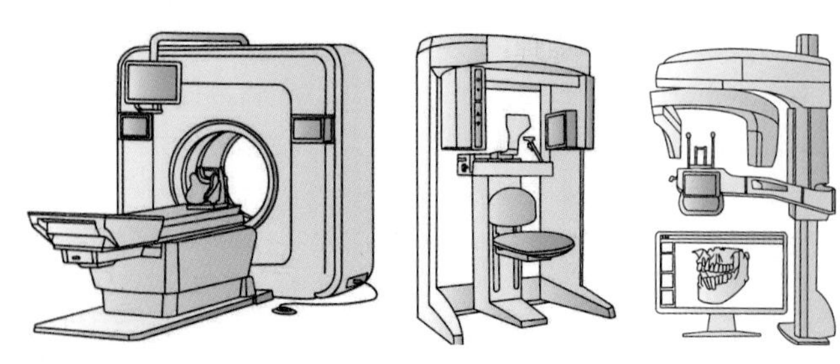

A. 卧式 CBCT 机　　B. 坐式 CBCT 机　C. 立式 CBCT 机

图 1-3-1　卧式、坐式及立式 CBCT 机

（一）成像原理

利用低电压和低电流，X 线发生器以较低的射线量（通常球管电流在 10mA 左右）发射锥形体射线束，射线经患者后由平面传感器接收一个面的 X 线信号，经过一个圆周或半周扫描即可以重建出整个目标体积的影像。扫描时间一般短于 20 秒，依靠特殊的反投影算法重建出三维影像。多层螺旋 CT 和 CBCT 扫描原理比较见图 1-3-2。

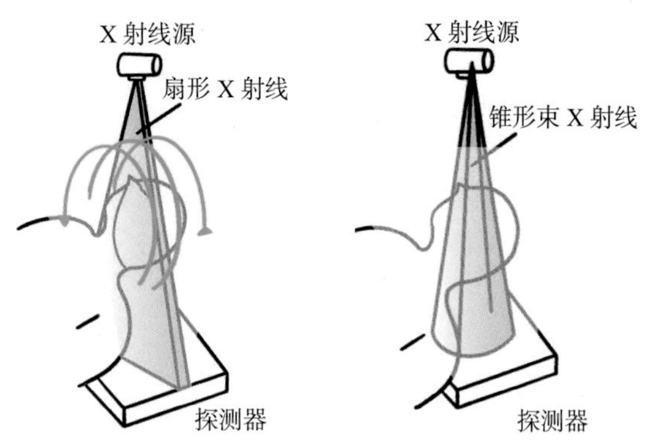

A. 多层螺旋 CT 扫描原理示意　B. CBCT 扫描原理示意

图 1-3-2　多层螺旋 CT 与 CBCT 的扫描原理比较

X 线发生器工作原理：高电压下的二极管包括两个电极：一个是能发射电子的灯丝，称为阴极；另一个是接受电子轰击的靶材，称为阳极。在千伏等级的电压加载在阴阳两极时，电子被拉向阳极，以一种高速高能状态撞击阳极靶材，其中一部分动能转化为辐射能，以 X 线方式释放出来。

（二）体素

三维图像的构成单位称为体素，CBCT 的体素是一个各向同性的立方体，即在长、宽、深度上完全一致，体素值代表 CBCT 的空间分辨率，体素值越小，图像里包含的个数越多，CBCT 的空间分辨率越高，细节展现能力就越好，重建的影像就越贴近真实（图 1-3-3）。小视野 CBCT 体素小于大视野 CBCT，区分小结构能力更强。现在能达到的体素体积在 0.076~0.125mm^3，每一帧图像能含有 512^3~1024^3 体素，但分辨率的提高是以辐射量增加为代价的。

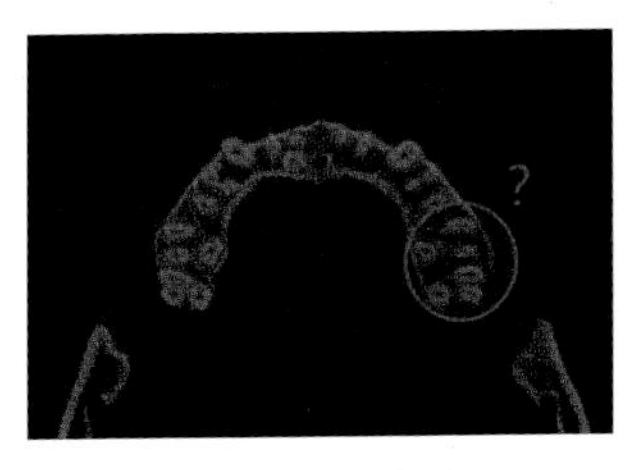

A. 0.25mm 体素

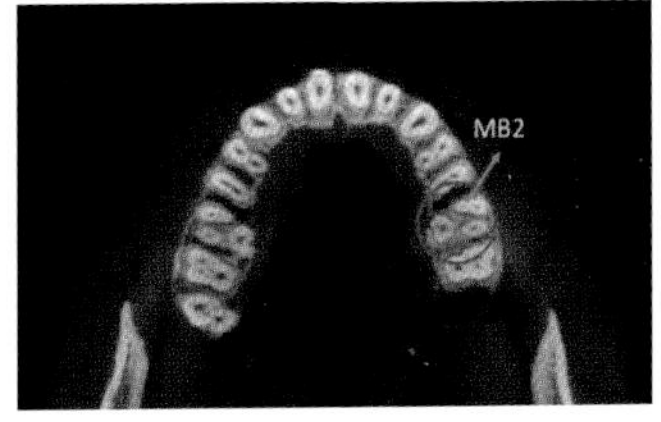

B. 0.125mm 体素

图 1-3-3　0.25mm 体素与 0.125mm 体素比较

（三）视野

通过发射锥状的 X 线束，获取患者数据，投射出来的影像范围就称为视野（FOV）。视野的大小一般由传感器的尺寸、形状、射线的几何形状和校准等因素决定。根据传感器面积，CBCT 可分为大视野、中视野和小视野三类。小视野机型的成像区域为几颗牙齿，覆盖 5~8cm 范围，影像清晰，对比度高，细节突出，辐射剂量小；中视野机型成像区域几乎可以包括所有的上下牙列及周围的骨结构，但往往会出现包括不全的现象，一般高 8~13cm；大视野机型的成像区域包括整个上下颌骨甚至部分或者整个头颅，影像质量比小视野机型略差、辐射量大，但视野大，可达到 16~23cm。随着技术的成熟，现在大多数 CBCT 机都可以无级变速，也就是说一台机器可以同时拥有多个曝光视野的选择，医生根据临床需求选择视野大小。

视野过大的不足：①辐射量大；②视野中存在的非目标区域病变未被发现或告知易导致医患纠纷；③数据量大，易拖慢系统运行速度。

小、中、大视野示意图见图 1-3-4。

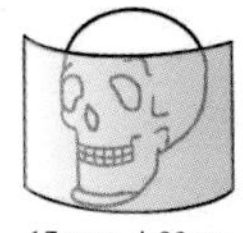

图 1-3-4 小、中、大视野示意图

FOV：摄影范围

（四）辐射量

CBCT 的辐射量已经远远低于医用 CT，特别是当选用局部视野时，其辐射量甚至与数字化根尖片相近。国际放射防护委员会推荐：一般民众辐射限制为每人每年不超过 5mSv。CBCT 的剂量和很多因素有关，如何合理、可行、尽量低地优化剂量，需要结合原理和临床使用进行具体分析。影响辐射量的因素如下所述。

1. 放射参数 如电压和电流（kV，mA）：管电压增加时，X 射线的能量相应变高，X 射线穿透能力增强，剂量相应增加。管电流增加时，初始电子数目相应增多，进而 X 射线束强度越大，剂量相应增加。

2. FOV 的选择 视野对辐射量的影响是直观的，当选择的视野越大，受检者接受的辐射剂量越高。

3. 对重要器官进行射线防护 需要考虑不同组织或器官对射线的敏感性不同，应尽量避免敏感性高的部位受到照射。《GBZ 130–2013 医用 X 射线诊断放射防护要求》中对于接触 X 射线设备的工作人员、受检者和陪检者的防护用品与辅助防护设施（铅橡胶颈套、帽子等）做了详细要求：一般防护用品和辅助防护设施的铅当量应不低于 0.25mmPb，针对儿童的铅当量应不低于 0.5mmPb。

4. X 射线能谱优化 低能 X 射线对图像成像没有有益的贡献，却会增加辐射剂量，提高高能射线的比重，可以在降低受检者剂量的同时，有效削弱射线硬化伪影，提高图像质量。一般通过配备滤过器来硬化 X 射线能谱。滤过器位于光机出束口外，材料一般为铝或铜。滤过器的厚度与吸收低能 X 射线的量相关，厚度越大，则吸收的低能 X 射线越多。与此同时，如果滤过器过厚就会使得到达探测器的 X 射线过少，从而导致图像对比度降低，噪声增加。为了弥补这种损失，需要在一定程度上增加电流。

不同放射性诊断的有效剂量见图 1–3–5，口腔 CBCT 不同视野选择有效剂量见表 1–3–2。

二、使用与维护

（一）探测器选择

根据传感器类型，CBCT 探测器可分为影像增强器和平板探测器两类（表 1–3–3）。

目前市场上用于牙科 CBCT 的探测器主要为 TFT 平板探

测器和 CMOS 平板探测器（也称非晶硅平板探测器）。二者的特点见表 1–3–4。

CMOS 平板探测器面积只能实现小、中尺寸，大尺寸需要拼接，在拼接处都会存在间隙和失效像素线，进而导致部分的图像会有缺失，需要后期通过软件进行修正。在选择平板探测器时，应根据成像视野大小、射线源条件、空间分辨率要求、成像动态需求等众多因素进行平衡和综合。

（二）定位方式选择

坐式定位能够有效防止患者移动伪影，提供更加稳定的图像质量。

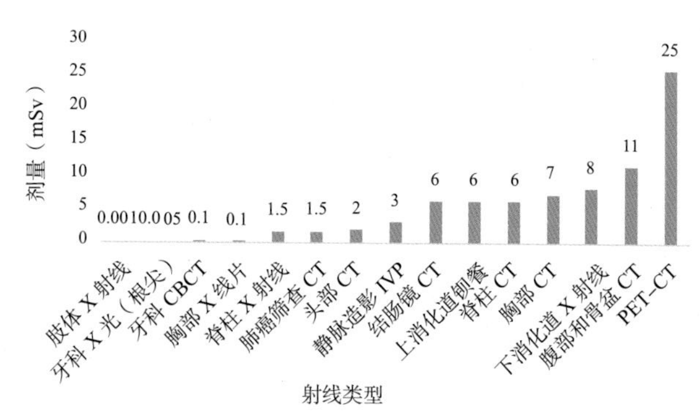

图 1–3–5　不同放射性诊断的有效剂量

根据设备类型、受检者身体状况、系统及其操作技术的不同，口腔 CBCT 的有效剂量可能相差 10 倍以上。

表 1–3–2　口腔 CBCT 不同视野选择有效剂量表

CBCT 拍摄视野（cm^2）	有效剂量（μSv）
小视野（≤ 5 × 5）	19~44
中视野（≤ 16 × 8）	28~265
大视野（颌面模式）	68~368

表 1-3-3　不同传感器类别探测器特点

传感器类别	特征	优势	不足
影像增强器	使用影像增强管汇聚加强影像，末端是 CCD 摄像机。这样较大面积的影像汇集到较小面积的 CCD 传感器上，可以提高对比度和亮度	无需大面积、技术成熟、价格低廉、视野更大、辐射剂量更少	体积大、图像有失真、噪点多、寿命短、维护成本较高
平板探测器	近年来最新的传感器技术，直接收集影像信号	体积小巧、空间分辨率高、图像无失真、影像清晰、寿命长、易维护	价格昂贵

表 1-3-4　不同类型平板探测器特点

	探测器面积	FOV	像素面积	抗辐照能力	灵敏度	读出速度	噪音控制	分辨率
TFT 平板探测器	可以实现大尺寸	大视野 / 超大视野	120μm 左右	优	中	中	良	中
CMOS 平板探测器	只能实现小、中尺寸	小 / 中视野	100μm 左右	良	高	高	优	高

（三）数据获取

种植修复常常需要在术前利用 CBCT 采集颌骨和余留牙等硬组织结构的空间位置信息，并可导出交流医学数据成像和通信标准（DICOM）格式数据以便后续进行数字化设计。在采集颌骨数据的过程中，运动伪影、高密度充填材料或金属修复体导致的放射伪影会对成像质量产生不利影响，拍摄 CBCT 之前应对此类情况做初步判断并采取措施规避可能产生的误差。

（四）骨结构分析

CBCT 扫描能从多个层面去分析缺牙区的骨情况（如精准测量骨损实际大小形态，评估牙槽嵴颊舌侧轮廓、骨密度结构及骨量、与牙根的关系、皮质骨板厚度、骨开窗情况等）和邻牙、对颌牙实际移位程度。在 CBCT 三维重建图像上临床医生能对上下颌骨血管及神经管、颏孔和上颌窦等重要解剖结构进行准确定位，避免安全隐患，及对上下颌骨病理及生理改变进行精准判断。除外，CBCT 扫描还能配合 3D 打印技术，把扫描的术区立体重建并打印出来，得出真实比例的研究模型，有助于术者对手术方案的设计和过程的演练。CBCT 图像上的测量数据与真实的误差仅为 0.1mm，比传统的影像学方法能够提供更加准确的颌骨精细结构的测量数据。牙槽骨形态评价分类见图 1-3-6。

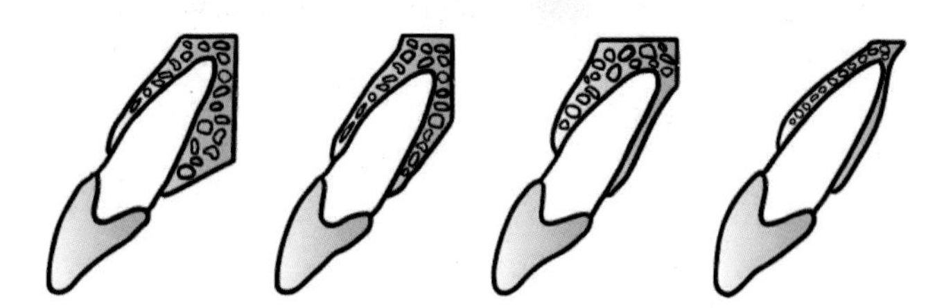

A. 唇颊侧骨板厚度分级（从左至右 Ⅰ～Ⅳ级，人群中占比分别为 81.1%、6.5%、0.7%、11.7%）

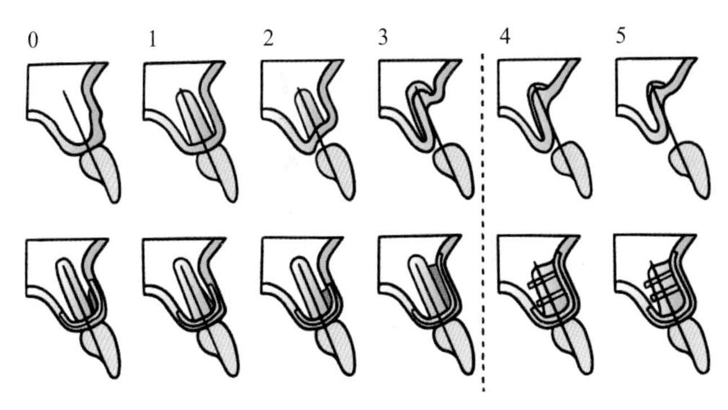

B. 牙槽嵴缺损形态分类

Lekholm 和 Zarb 分类（根据牙槽骨残余量）

A 级：大部分牙槽骨尚存；

B 级：发生中等程度的牙槽骨吸收；

C 级：发生明显的牙槽骨吸收，仅基底骨尚存；

D 级：基底骨已开始吸收；

E 级：基底骨已发生重度吸收。

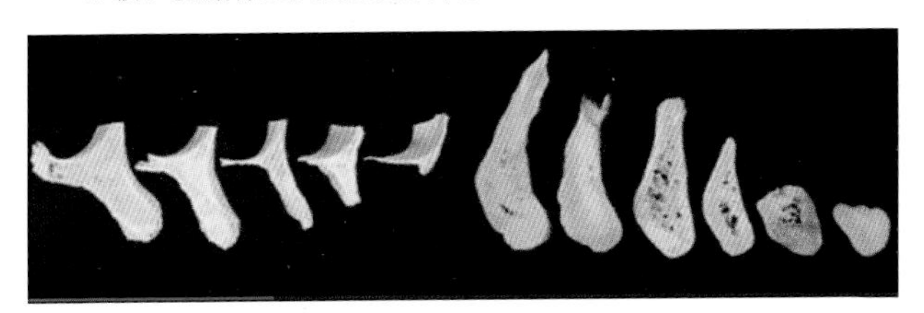

C. 牙槽嵴残余量分级

Lekholm 和 Zarb 分级（根据骨皮质和骨松质的比例关系及骨松质的密度分级）

1 级：颌骨几乎完全由均质的骨密质构成；

2 级：厚层的骨密质包绕骨小梁密集排列的骨松质；

3 级：薄层的骨密质包绕骨小梁密集排列的骨松质；

4 级：薄层的骨密质包绕骨小梁疏松排列的骨松质。

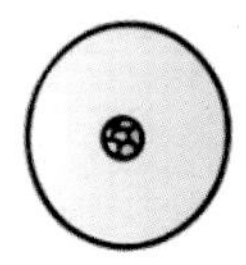 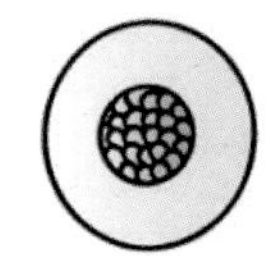  

D. 骨质分级

图 1-3-6　牙槽骨形态评价分类

灵敏度

术前影像学检查分析的目的首先是评价牙槽骨的状态和是否存在其他颌骨疾病，CBCT 能精准探测只局限于松质骨中的病损，让临床医生能早诊断、早处理，提高治疗成功率。当以牙齿为单位，CBCT 能比根尖片多探测 24% 的根尖暗影；若计算牙根，则能多观察 38% 的暗影，尤其对于下颌第二磨牙，其二维图像容易被外斜嵴和下颌神经管等解剖噪点影响。而对于上颌磨牙根尖周炎的诊断，相较于根尖片，CBCT 能多探测 34% 的根尖暗影。尤其当根尖位置靠近上颌窦（＜ 1mm 距离）时，根尖片的诊断敏感度显著降低。

（五）二维图像分析

如前所述一般 CBCT 配套系统包含简单的二维影像查看计算机系统，利用二维影像数据，临床医生可快速对患者种植位点的骨质骨量进行分析，评价该病例是否适合种植及如何设计种植方案。软件内测量牙槽骨参数见图 1-3-7。

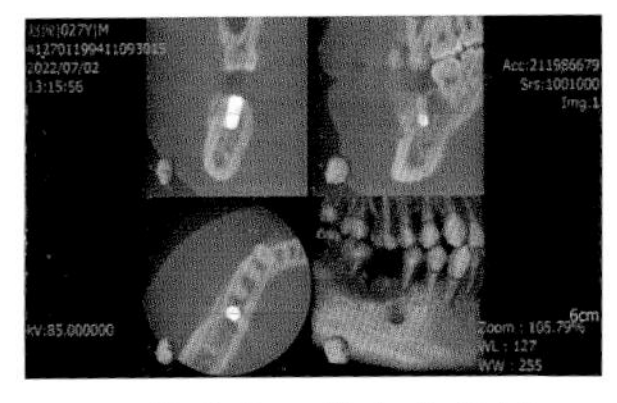

A. 软件内三维方向视图

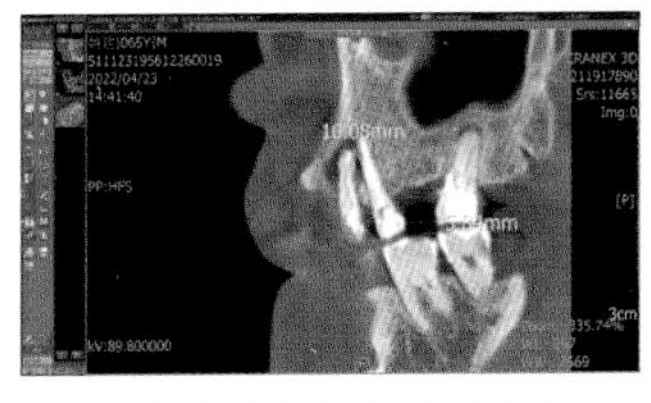

B. 矢状面测量牙槽骨宽度

图 1-3-7　软件内测量牙槽骨参数图

（六）三维制定方案

决定种植位点的重要因素在于解剖以及后期怎样合理完成修复，种植体需要植入在一个不仅能够满足生物力学要求，又能够满足功能与美观要求的位置。所以临床上必须和后期修复进行有效结合来制定种植计划，以此来获得最好的治疗效果。采用 CBCT 以及第三方软件，可三维重建术区，植入模拟的种植体，对种植体合理的植入角度与方向在虚拟模型上进行分析，以此来满足生物力学与美观要求。

将 DICOM 数据导入种植设计软件后，首先需要分割阈值重建颌骨。不同阈值下重建的颌骨不相同，操作人员的经验会影响分割阈值的选择，从而影响颌骨的重建精度。专业工程师能使用软件重建更高精度的颌骨，其偏差仅为普通医师组的一半。

将 CBCT 导入种植方案设计软件如 3shape、exocad、guidemia、simplant、bluesky、nobelGuide 等，重建后的 CBCT 不包含软组织及目标修复体信息，还需要在种植设计软件中导入口内扫描或模型扫描数据，并与 CBCT 拟合，然后可以对下颌神经管进行染色通路标记，选择种植体进行模拟植入，包括种植体的类别、直径、长度，模拟出最佳植入位点、植入路径、植入深度和方向等参数。当使用 CBCT 的二维截面进行种植术前测量分析时，应在模拟植入位置与相邻解剖结构之间规划足够的安全距离。通过有效的数据分析和模拟设计，不但可提高手术成功率，还能避免医师在手术过程中损害重要的解剖结构如上颌窦、下颌神经管等，减少手术并发症。

种植体位置设计

种植体与邻牙牙根之间理想的近远中向距离应该≥ 1.5mm，两颗种植体之间理想的近远中向距离应该≥ 3.0mm，否则存在牙槽嵴吸收和龈乳头退缩的风险。

分体式种植体（或一体式种植体的平台位置与骨平面平齐）植入之后，通过种植体周围碟形骨吸收建立生物学宽度。通常，碟形骨吸收水平向宽度为 1.0~1.5mm，垂直向深度为 1.5~2.0mm。因此，种植体距离邻牙牙根小于 1.5mm 的话，将危及与天然牙之间的邻面牙槽嵴高度；两颗种植体之间的距离若小于 3.0mm，碟形骨吸收的叠加效应将危及两颗种植体之间的邻面牙槽嵴高度。邻面牙槽嵴高度的降低和丧失将导致龈乳头退缩。

种植体唇侧骨壁的厚度应该≥ 2.0mm（尤其在美学区），否则存在唇侧牙槽嵴吸收和龈缘退缩的风险。这同样是基于通过种植体周围碟形骨吸收建立生物学宽度的生理机制。

在美学区，软组织水平种植体平台应当位于唇侧龈缘中点的根方2.0~3.0mm处，骨水平种植体则为3.0~4.0mm处。

如果计划用螺丝固位修复体，种植体的轴向处于修复体舌隆突（上颌与下颌前牙）或殆面（前磨牙和磨牙）位置。

上颌前部的种植体植入方向往往与咬合平面成一定的角度，而在其他部位种植体的植入方向通常垂直于咬合平面。

在必要情况下也可以倾斜植入种植体，避开上颌窦底和颏孔等解剖结构，但应充分考量应力对种植体、骨结合长期稳定的影响。

植体位置设计参考与数字化设计见图1-3-8。

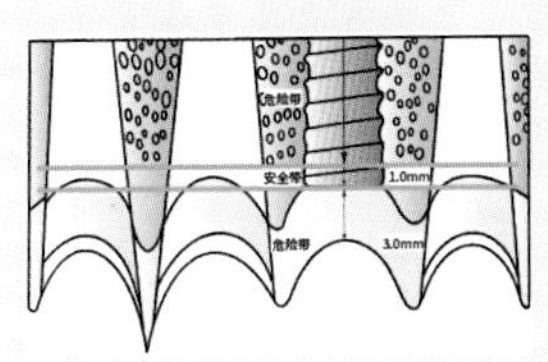

A. 美学区植体植入深度设计参考

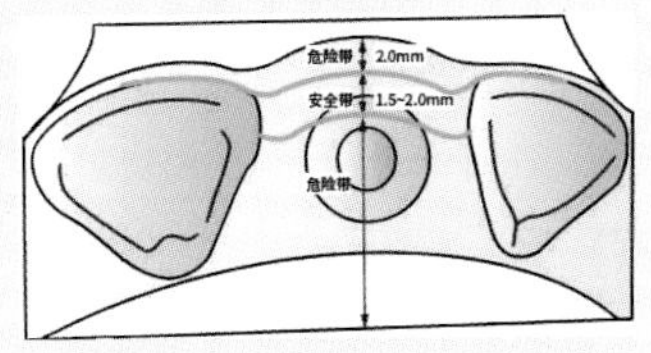

B. 美学区植体植入颊舌向设计参考

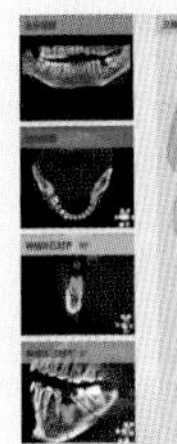
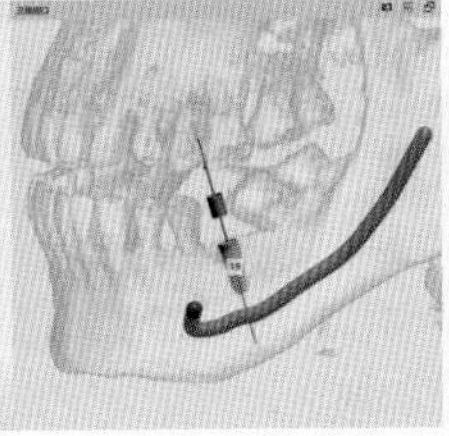
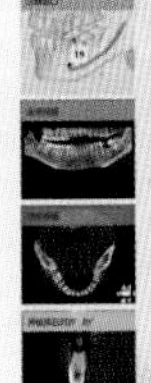
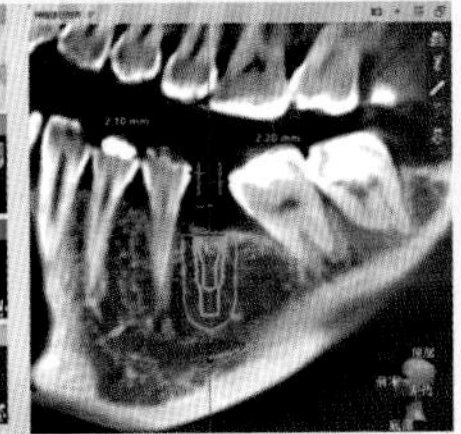

C/D. 利用3shape软件设计种植方案

图1-3-8　植体位置设计参考与数字化设计

（七）术中辅助

1. 静态导板引导系统 是否能够进行成功种植的关键在于能否准确地将术前设计转移到具体手术中。利用第三方软件，能够通过 3D 打印技术或切削技术，将虚拟的种植方案设计转化成为种植导板，采用这种方法制作出来静态导板系统，能够在术中全程或半程引导种植体的准确植入，将手术成功率显著提高。

2. 动态导航系统 动态导航系统是临床上应用的另外一种模板，是采用第三方软件，把锥形束 CT 三维影像学模板转变成为种植手术模板，以此来对医师的手术操作进行合理指导。除此之外，这种模板还能够将手术过程向患者进行立体、多方位的展示，促使患者能够对种植修复进行更好的理解。

种植导板和种植导航分别见图 1-3-9、图 1-3-10。

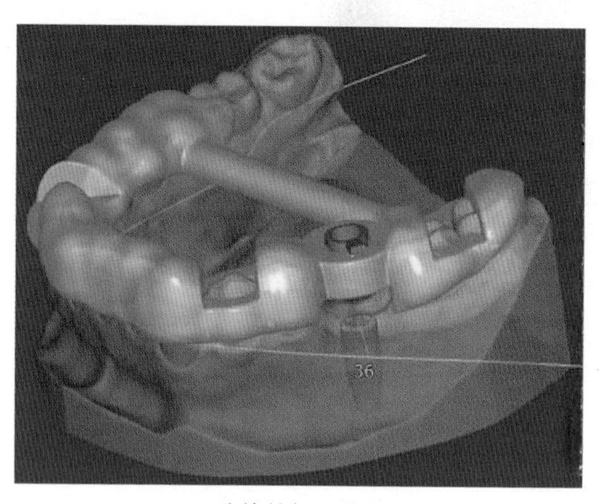

A. 种植导板三维视图

图 1-3-9　种植导板

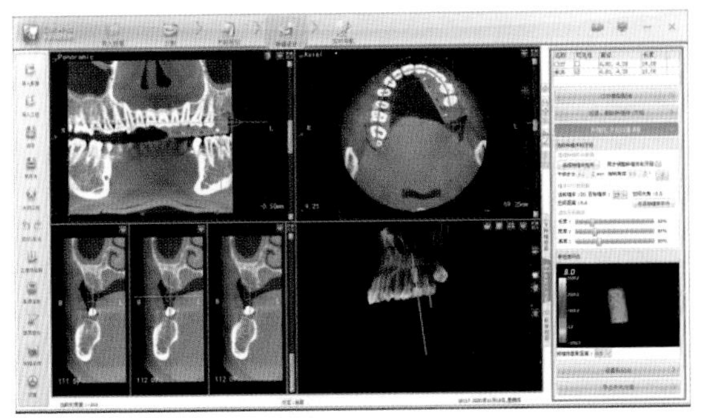

B. 种植导板设计方法

图（续）1-3-9　种植导板

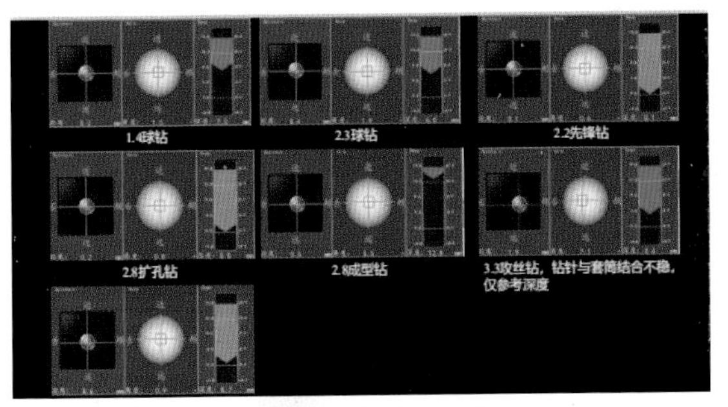

A. 种植导航引导过程

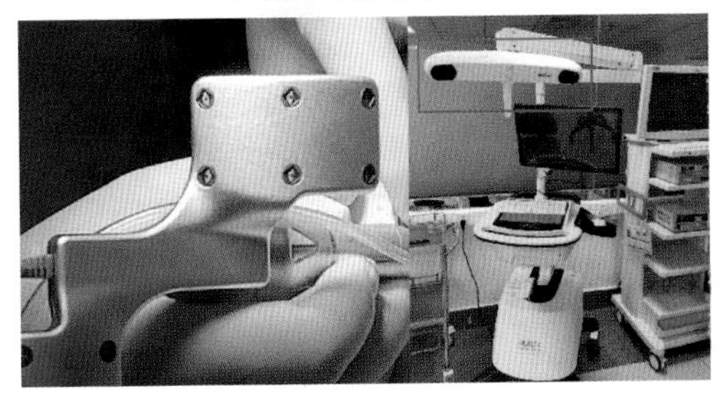

B. 种植导航配准手机

图 1-3-10　种植导航

（八）术后检查

术后检查包括评价种植体骨结合状态、骨增量或上颌窦提升效果、上部结构与种植体连接部位的密合程度、种植体三维位置及轴向、牙槽嵴骨吸收程度、植体与邻牙或周围重要解剖结构的三维位置关系等。除了临床检查的手段外，CBCT 三维重建影像也可以辅助确定任何涉及牙槽骨的并发症，例如种植体周围炎。另外，CBCT 可用于对种植治疗的长期成功率的评价。在进行种植术后评估时，不仅要求图像具有较高的分辨率，而且需要确保图像的清晰与准确。CBCT 具有自身独特的优势，能够为临床医师提供科学有效的信息，促使其更好地做出术后评估。

（九）管电压（kV）

管电压越高，X 射线穿透物体的能力越强。管电压过高，X 射线大部分会直接穿过被摄物体，探测器接收到信号就与被摄物体无关了；而管电压过低，则 X 射线大部分被物体吸收，探测器则接收不到与被摄物体有关的信息。

（十）管电流（mA）

管电流越大，就意味着 X 射线的流量越大，探测器的接收到的信号就会越强。从成像角度来说，管电流越大越好，但是管电流越大，病患受到的辐射剂量也越大，所以在满足成像的基础上，管电流越小越好。照射电压和电流对金属伪影的影响见图 1-3-11。

（十一）预拍调整

在正式拍摄前先通过预览判断图像位置并通过拖动“容积中心”或调整座椅获得角度正确的图像，或者可选预拍程序，预先拍摄正位及侧位二维投影片各一张，然后通过电脑端点击准确的目标区域对患者位置进行微调，确保所需要观察的部位在取景框中。

（十二）特别扫描

对于颞下颌关节进行特别扫描，仅使用头部支架和头带，

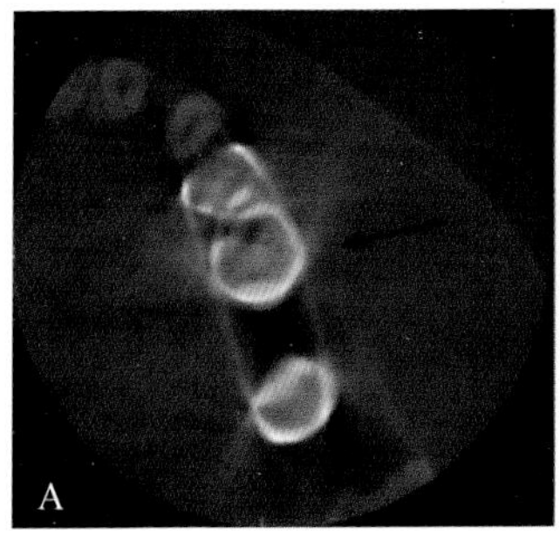

A. 电压 70kV，电流 3.5mA，横断面示 B4 至 B7 三颗烤瓷冠周围放射状条纹伪影

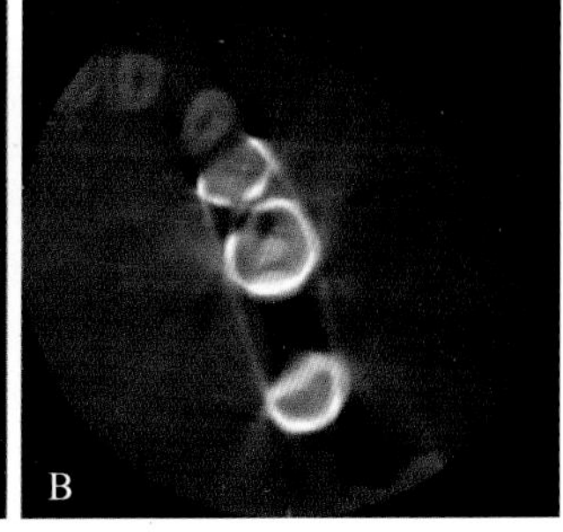

B. 电压 90kV，电流 6.0mA，横断面示 B4 至 B7 周围伪影减少，烤瓷冠边界较之前清晰锐利

图 1-3-11 照射电压和电流对金属伪影的影响

建议不要使用腮托，以免影响关节窝中关节位置并干扰下巴软组织。

（十三）参数选择

曝光参数选择 80kV、5mA、17.5 秒或更大电流、更长时间，图像质量较好，牙槽骨缺损检测的临界点为 0.150mm^3 体素。虽然国际口腔种植学会（ITI）认为减少体素值并不会增加 CBCT 线性测量的准确性，但在相同的分割阈值条件下，较小的体素值有利于获得更高的颌骨重建精度，从而有利于模型与颌骨数据之间的精准拟合。

（十四）视野选择

美国牙体牙髓协会（AAE）和美国口颌面放射学会（AAOMR）联合声明（2015）：正确的放射视野应仅仅大于关注术区。

（十五）维护

1. 定期进行校准，影像增强器机型为每月进行一次，平板探测器机型为每年进行一次。

2. 在患者检查之间仅使用经批准的消毒剂对设备进行消毒。

3. 保持设备周围区域没有杂物，设备能够自由旋转而不会出现障碍物。

4. 使用前对技术人员进行培训，确保患者体位正确，以避免重新扫描，给成像系统带来不必要的磨损。

5. 保持 X 射线检测设备的固件更新，以确保其使用最新版本，确保最佳性能。

6. 立即向服务提供商报告在使用系统时遇到的任何问题。快速解决小问题有助于避免以后出现更大的问题。

三、减少伪影

（一）伪影不利影响

图像伪影是重建数据中的一种可视化结构，这种结构在被投射的对象中实际并不存在。伪影可以通过降低相邻物体之间的对比度来显著影响 CBCT 图像的质量，并最终导致不准确或错误的诊断。

术前设计：伪影的存在可显著降低 CT 数据与口内扫描数据拟合的准确性；更进一步的是，CBCT 与扫描信息拟合的偏差将转移至术区，从而导致实际种植部位偏离计划种植部位。

术后评估：CBCT 对于四壁型骨缺损和骨开窗的诊断准确度尚可，但对骨开裂的诊断准确性有待提高，且骨缺损范围越大，其诊断准确性越高。研究显示，即使应用伪影减少的算法也无法提高对种植体周围骨开窗和骨开裂的诊断准确性。此外，锆种植体周围伪影的存在也将降低对相邻位点牙齿纵折诊断的准确性，且改变管电流或者使用伪影减少算法工具都无法对其进行有效改善。

（二）伪影类型及解决方法

常见的伪影有噪声伪影、环形伪影、运动伪影、混叠伪影、金属伪影、位置伪影以及容积伪影等。

1. 噪声伪影　表现为随机分布在图像上的噪点，它的存在将掩盖原本的信号信息，降低图像分辨率，使得 CBCT 中的低密度组织无法被区分开。噪声伪影的出现一般是由于电子元件传输发热、成像系统的调制缺陷或者其他环境的影响和干扰造成的，需要联系专业人员对设备进行调整。

2. 环形伪影　表现为图像周围沿射线束投照轨迹运行的环形影像，常常由于机器不精准或者校准误差造成，环形伪影的出现常常意味着机器需要重新校准或需要维修。

3. 运动伪影　是由于在拍摄过程中被投照对象发生运动产生的双重影像。解决方法为：拍摄之前与患者交待清楚，使其尽可能保持在静止状态，可以通过调整患者体位，利用腮托和头戴固定患者头部，对于儿童患者，酌情加快扫描速度，减少拍摄时间。

4. 混叠伪影　表现为向重建图像的外侧发散的线型伪影，是射线束的散射造成的。当出现采样不足的情况，计算机将处理不准确的图像，从而产生混叠伪影。可通过扩大视野、过采样或后期算法消除。

5. 金属伪影　也可称为射线硬化伪影，是 CBCT 图像中在金属物体附近出现的不规则伪影，它的产生可由以下原理解释：X 射线束由一束不同能量的光子组成，当射线束穿过物体时，低于物体表面吸收波能量的光子比能量较高的光子被吸收得更快，从而导致射线束光子的平均能量增加，也就是“射线硬化”效应。金属材料能够吸收较高能量的光子，因此在拍摄 CT 时，金属材料可以被看作一个过滤器，低于金属表面吸收波能量的光子被吸收，穿过金属材料的光子能量增加，也就是发生射线硬化现象。一旦发生了射线硬化现象，记录的数据中会产生非线性误差，在三维重建过程中，这种误差被投射到空间中，产生深色条纹。种植体中的射线硬化的金属伪影表现为种植体周围出现暗带或晕，或者种植体之间出现本不存在的黑色沙漏状影像。这种伪影会改变种植体周围骨期的可见性和准确性，导致对种植体周围区域的评估出现错误。在镍铬合金、钴铬合金和银钯合金中，银钯合金产生的伪影最为显著。氧化锆种植体与钛种植体相比，氧化锆种植体产生的伪影数量更多。解决方法如下。

（1）调整视野大小，避免拍摄有金属修复体区域。

（2）特定重建算法（预处理技术）：首先由特定算法对被投照部位的金属部件进行识别，然后利用算法对金属投影数据进行修正，再利用这些预处理后的原始数据，重建图像并提取金属断面。目前，一些CBCT制造公司正在积极开发用于图像重建的伪影减少算法，但这些过程相当耗时，并可能进一步减缓整个图像的重建过程。此外，由于这些构件是数据采集过程固有的，所以并不能完全消除伪影的产生。

（3）后处理技术：将金属伪影去除算法应用于医学文件的数字成像和通信，而不是优化原始的投影数据；即后处理的基础是对每个投影图像中的金属区域进行分割和修改，然后用修改后的数据重建最终图像。在消除伪影方面，实际物理图像采集的预处理优于受影响数据的后处理。

（4）增强X射线能量：即在临床工作中提高照射电压和电流。研究证实增强X射线能量能够增加光子数量，减少噪声，缩窄光子能量的分布，从而达到减少伪影的目的。但是增加电流量也会加大对患者的辐射剂量，因此提高照射电压和电流量应在一个合理范围内进行。

（5）增加扫描层厚：增加扫描层厚可以提高信噪比，但同时也会增加部分容积效应，降低图像显示的精细程度。

（6）提高CT值：有学者报道使用提高CT值后的窗位（最大窗宽为40000Hu）比标准窗位（最大窗宽为4000Hu）能够明显降低金属伪影。

6. 位置伪影 指被投照物过于靠近扫描视野边缘，物体边缘的图像产生光环样的伪影，多产生于非平板探测器CBCT上。下颌后牙区的伪影面积和灰度值均小于下颌前牙区。解决方法为：拍摄之前预览，确定拍摄目标区域处于中心。

7. 容积伪影 是一个体素内包含多种相邻且组织密度差异

较大的物质，该体素的T值为这几种物质平均组织密度的反映，部分容积效应（图 1–3–12）会产生周围间隙现象。两个组织密度不同的物质的交界部分如果处在同一层面，图像中显示两种组织交界处组织密度失真。

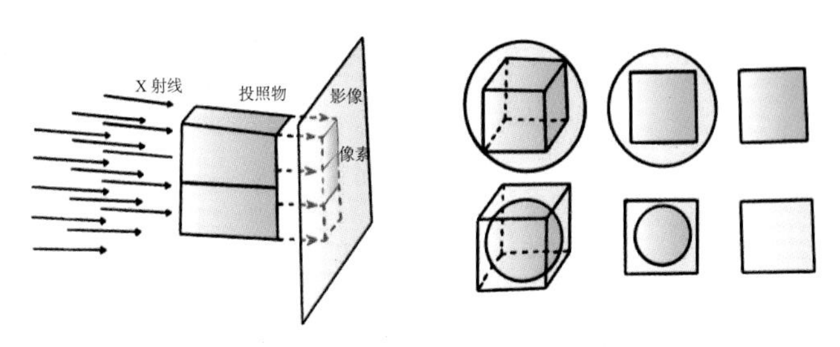

图 1–3–12　部分容积效应

球体示意一个密度均匀的组织结构。当组织结构体积大于一个体素（正方体所示）的体积时，该体素内含一种均匀组织密度的物质，可以反映组织内部较真实的密度值。当组织结构明显小于体素的体积时，成像中相对应的像素反映的是球体与其周围结构的平均密度值。

导航配准

对于动态导航手术来说，术前需要进行定位模版配准，也就是常说的U形管配准，模版由丙烯酸树脂制作而成，其特定部位加入金属钉作为标记物。研究显示氧化铝导航标记显示伪影最少。在所有牙冠条件下，氮化硅标记物的配准性能最好，磨损量最小，氧化铝在人工冠和自然牙的情况下效果很差，因为它的放射不透明较低，而氧化锆在无牙的情况下效果不理想，不锈钢在所有条件下的配准性能都最差。

四、关于放射防护的标准规定

（一）中国医用 X 射线诊断受检者放射卫生防护标准

1. X 射线诊断检查中受检者所受的医疗照射应经过正当性判断，掌握好适应证并注意避免不必要的重复检查。对妇女儿童的射线诊断检查更应慎重进行判断。

2. 受检者所受的医疗照射应遵循安全与防护最优化原则，使其接受剂量保持在可以合理达到的最低水平。

3. 应配备性能合格的医用诊断 X 射线机与相应的防护设备、辅助设备，合理设置开展 X 线诊断检查的工作场所和防护设施。

4. 应制定医疗照射的质量保证大纲，以防止设备故障和人为失误。

5. 医疗卫生机构应对受检者的防护与安全负责，应为受检者提供有效、安全的诊断检查。相关执业医师与医技人员、辐射防护负责人、合格专家、医疗照射设备和防护用品的供应方等也应对受检者的防护与安全分别承担相应的责任。

6. 只有具有相应资格的执业医师（包括乡镇卫生院的执业助理医师，下同）才能开具 X 射线诊断检查申请单，并对保证受检者的防护与安全承担主要任务。

7. 医疗卫生机构应制定执业医师与医技人员、辐射防护负责人等的培训计划，使其受到相应的辐射防护知识培训并取得放射工作人员证。医技人员还应取得相应的专业技能资质并承担指定的任务。

8. 应用 X 射线检查应经过正当性判断。执业医师应根据患者的病史、体格检查、临床化验等判断是否需要采用 X 射线检查，掌握好适应证。

9. 应考虑优先选用非 X 射线的检查方法，根据临床指征确认 X 射线检查是最合适的检查方法时方可申请 X 射线检查。

10. 应特别加强对育龄妇女和孕妇、婴幼儿 X 射线检查的正当性判断。

11. 在无法使用固定设备且确需进行 X 射线检查时才允许使用移动式设备。使用移动式设备在病房内做 X 射线检查时，应采取防护措施减少对周围患者的照射。

12. 各种 X 射线诊断检查设备应通过质量控制检测（包括验收检测、状态检测和稳定性检测），符合质量控制要求后才能使用。质量控制检测应按照有关标准和要求进行。

13. 应避免受检者同一部位重复 X 射线检查，以减少受检者受照剂量。

14. 除了特殊需要以外，应尽量采用 X 射线摄影检查，避免使用直接荧光透视检查。

15. 应选择合适的 X 射线检查方法，制定最佳的检查程序和投照条件，力求在能够获得满意的诊断信息的同时，又使受检者所受照射减少至最低限度。在不影响获得诊断信息的前提下，一般应以"高电压、低电流、厚过滤"为原则进行工作。

16. X 射线摄影应配备能够调节有用线束矩形照射野的准直系统，使用时注意准确对位，并恰当调节。控制使用最小照射野，照射野一般不应超过接收器面积的 10%。

17. 应根据投照方向恰当选择受检者体位，应尽量使受检者采取正片的体位。注意对受检者的非投照部位进行屏蔽防护，避免非检查部位受到有用线束的照射，以减少眼睛、甲状腺等放射敏感器官的受照。

18. 应根据具体诊断要求尽可能选用感度较高的屏片组合或数字接收器，并配合使用合适的滤线栅及摄影技术。

19. X 射线透视检查应尽量缩短曝光时间，没有条件使用带影像增强器并遥控操作的设备进行透视时，操作者事先要经过充分的暗适应。应注意及时更换性能不符合要求的荧光屏。

20. 需要借助 X 射线透视进行骨科整复和取异物时，不应连续曝光，并要尽可能缩短累积曝光时间。

21. 施行 X 射线检查前，X 射线工作者应认真检查各种设备和用品性能，仔细复核检查方案和工作条件，注意受检者的正确定位和固定等，避免发生错误的照射。

22. 受检者需要转科或转院就诊时，其已有的 X 射线检查结果应作为后续诊疗的依据，避免受检者受不必要的重复检查。

（二）美国口腔颌面放射学会相关规定

1. CBCT 使用 操作者必须为注册医师或有注册医师指导的具备放射工作要求证明的技术人员；CBCT 检查仅用于临床诊断或治疗需要，利用最低曝光剂量获得满足临床诊断要求的图像。

2. 医师责任 进行 CBCT 操作或负责指导的医师，必须持有有效执照进行 CBCT 操作或申请 CBCT 检查的医师，必须对于 CBCT 适应证有充分的认识，同时熟悉 CBCT 的基本原理及其局限性。进行 CBCT 操作或申请 CBCT 检查的医师需要对所有影像进行分析，对于特定的 CBCT 申请检查目的之外的影像发现，也应给予诊断。

3. 辐射安全及质量保证 开展 CBCT 检查应有专门的制度和程序以保证剂量最优化；质量控制程序的目的是尽量减少对患者、工作人员以及公众的电离辐射危害，同时保证获得足够的诊断信息。

（三）欧洲口腔颌面放射学会相关规定

1. CBCT 检查必须在病史采集和临床检查之后进行。

2. CBCT 检查前必须确认 CBCT 检查的诊断收益高于风险。

3. CBCT 检查应能提供新的影像信息，并有助于患者诊治。

4. 在没有进行新的收益 – 风险评价时，CBCT 不应作为常规检查重复进行。

5. 只有在低辐射剂量的常规放射学检查不足以解决相应问题时，才能进行 CBCT 检查。

6. 应对 CBCT 检查的全部图像进行全面的临床评价。

7. 如果患者的放射学检查目的是要进行软组织观察，适宜的影像学检查方法应当是传统医用 CT 或 MR。

8. CBCT 检查设备应提供不同大小的视野选择，如果小视野检查能够降低辐射剂量的话，CBCT 检查应使用能解决临床问题的最小视野。

9. 如果 CBCT 能够提供不同的分辨率选择，应选择能充分满足诊断需要，而且辐射剂量最小的分辨率模式。

10. CBCT 操作者的放射防护应遵守欧盟“放射防护 136”文件中第 6 部分“欧洲牙科放射学放射防护指南”的相关规定。

11. 所有 CBCT 检查相关人员都必须接受足够的关于放射学检查及辐射防护的理论及操作培训。

12. 获得相关上岗资格后，仍需参加继续教育及培训学习，特别是在新的 CBCT 设备或技术引入时。

13. 负责使用 CBCT 检查的牙科医师，如果有国家级口腔颌面放射学专科医师认证制度，培训课程设计及讲授应包括口腔颌面放射学专科医师。

14. 对于牙科 CBCT 影像涉及牙及支持组织、下颌骨、鼻底、上颌骨，放射诊断报告应由有专门培训资格的口腔颌面放射学医师出具。

15. 对于非牙科小视野 CBCT 图像及所有颅面部 CBCT 图像，放射学诊断报告应由经过专门培训的口腔颌面影像学医师或医学放射学医师出具。

第四节 螺旋CT机

一、简介

螺旋CT机是利用高、低压滑环技术和连续式螺旋扫描技术设计的新型CT机。扫描时，可连续曝光、连续动床、连续采集并实时成像，具有超薄层、快速和不漏层等体积扫描的突出优点，可实现CT三维成像和CT血管造影成像（ACT），对口腔颌面部疾病的诊断更直观、准确、可靠。螺旋CT三维重建后的曲面图像、冠状位图像、矢状位图像显示清晰，与横断位二维图像结合可以优势互补，将患者上下颌骨、牙槽嵴、牙体、下颌神经管和有关软组织结构完整展现出来。CT能够全面测量牙槽骨密度（包括骨皮质和骨松质的密度）、重建组织结构图像，全面实现对颌骨垂直向高度、颊舌向宽度和近远中长度的测量，进而可以全面评价组织结构之间三维关系。在上颌骨，可以准确显示上颌窦底、鼻腔底和切牙管的位置；在下颌骨，可以精确显示下颌管和颏孔的位置，所以CT可以准确评价可用骨状态，明确种植体植入的位置、数量、角度和直径等。

此外，螺旋CT拍摄对患者体位要求不高、无痛苦、无创伤、操作简便，患者容易接受、配合度较高。成像质量受外界因素影响较小，能有效避免影像失真、放大或重叠等问题，在具体操作中还可根据实际情况合理调节窗宽窗位，从而更好地满足观察需求。

CT图像的空间分辨率不如二维放射线片图像高，但有极强的密度分辨率。所以在CT片上能够清楚地区分骨皮质和骨松质，测量其相对密度，同时可以很好地显示软组织结构，如牙龈、上颌窦黏膜和硬腭黏膜的厚度等。

传统CT的成像原理：传统CT球管发出的X射线为一

个扇形面，传感器为线性探测器，接收一条线的X射线信号。经过一个圆周或半周扫描，可以重建出一个体层的影像。当扫描一个体积的时候，扫描平面与目标物体需要进行相对移位，一般采用螺旋形运动的方式以提高扫描效率，最后将多次圆周扫描所得的体层影像排列起来，得到目标的三维影像体（图1-4-1）。

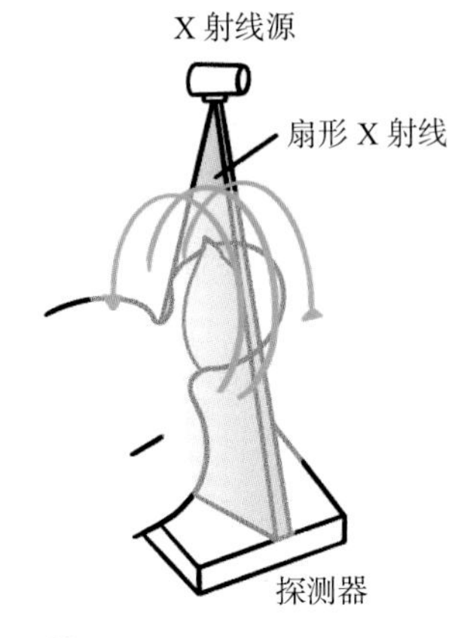

图1-4-1 多层螺旋CT的扫描原理示意图

二、使用与维护

（一）诊断和方案设计

上颌骨和下颌骨横断面的层面图像主要用于牙槽骨冠状面断层和曲面断层的定位和标记，重建的三维图像更形象地表达了组织结构之间的关系，除了可以模拟外科手术和骨缺损的重建外，还可以更加直观地比较骨的密度，估计种植修复的临床效果。不同层面的上颌骨垂直断层图像可以显示出上颌牙槽突的垂直高度和颊舌向宽度、骨皮质厚度、骨皮质和骨松质的密度、牙槽嵴的倾斜程度、上颌切牙管的走行、鼻底和上颌窦底的位置等。不同层面的下颌骨垂直断层图像可以显示出下颌牙槽骨的垂直高度和颊舌向宽度、骨皮质厚度、骨皮质和骨松质的密度、牙槽骨的倾斜程度以及下颌管、颏管、下颌切牙管和颏孔的空间位置等。不同层面的上颌骨水平横断面图像可以显示出上牙弓的形状、牙槽骨宽度、骨皮质厚度、骨皮质和骨松质的密度、上颌结节的形状、切牙孔的位置及上颌窦底分隔的位置和形状等。不同层面的下颌骨水平横断面图像可以显示出下牙弓的形状、牙槽骨宽度、骨皮质厚度、骨皮质和骨松质的密度等。

（二）术后评价

种植体植入后进行 CT 扫描，可以全面评价种植体在牙槽骨内的三维空间位置，种植体与重要解剖结构之间的三维空间关系，评价包括上颌窦底提升术在内的各类骨移植术的效果，分析新生骨的骨密度，判断预后效果。

（三）设置曲面断层层面

从上颌骨及下颌骨横断面上按照牙槽突的形状能够以任意弧线（或曲线）的形式设置曲面断层层面，基本上消除图像的扭曲现象，是真正意义上的上颌骨及下颌骨曲面断层图像。

（四）上下颌骨位置关系

经过调整后包括上下颌骨的矢状面和冠状面的层状图像，可以反映出上下颌骨之间的位置关系，为种植修复关系的恢复提供依据。

（五）成像效果

CT 仍然属于体层摄影，所以 CT 图像是层面图像，但是它通过数字影像技术重建层面图像，排除了普通体层摄影技术中邻近组织的模糊结构，图像质量更加清晰。要获得不同方向的断层图像和显示整个器官，可以将多个连续的层面图像重建成横断面、冠状面、矢状面的层面图像，甚至曲面断层图像、任意方向的断层图像和三维立体图像。所以可以在三维空间上评价可用骨的骨量和骨密度，设计种植治疗方案，预测种植体与下颌管、颏管、颏孔、上颌窦底、切牙管和鼻底等重要结构的位置关系。

多层螺旋 CT 扫描一周即可获得 8~34 层图像，这减少了移动伪影，提高了图像质量，扫描层面厚度可以达到 0.5mm，像素的数目可以达到 262144 个，重建的各个层面的图像可以近似于组织结构的影像，三维立体成像的效果逼真。

（六）仿真内镜

可以模拟上颌窦形态，有利于评价上颌窦底提升术前和术后上颌窦黏膜的状态。尽管目前的 CT 影像技术还无法精确地显示上颌窦底黏膜的颜色和黏膜下血管的变化，但其具有方便、安全、无创操作等优点。

（七）维护

1. 滑环维护 新装CT滑环的维护可在使用一年后开始，每隔半年至一年维护一次为宜；当碳刷快磨损到使用限度线时，可4~6月维护一次；当出现了不旋转曝光故障时，应首先考虑是否碳刷磨损到使用限位线引起的故障。滑环部分主要由铜合金制滑环、碳银合金制碳刷、碳刷导流铜辫、多圈碳刷压簧、碳刷安装座架及各部分固定螺栓等组成。维护时可从以下方面进行。

（1）用毛刷和吸尘器扫清吸净磨落在扫描架内各部分特别是环、刷附近的碳粉。

（2）检查滑环固定平整、匀称、牢固的程度。如有变形、移位，予以调整校正；滑环摩擦面光亮平滑，如有积碳或烧毛伤痕，用120#以上的细砂布仔细打磨平滑后，再用干净纱布擦净。清擦时不宜用无水乙醇，因乙醇对铜环有腐蚀作用。如果烧伤面严重，不能打磨平整时，则应更换滑环。

（3）检查碳刷长度应在使用限度线以上，摩擦面应光亮平滑，四边磨损相等，碳刷在架槽中应紧密而又活动自由无阻。如果不是这种情况，取出碳刷仔细磨制合适，否则应更换新碳刷。

（4）检查碳刷的多圈压簧弹性弹力是否均匀一致并压在碳刷顶面的中央部位。如果不是，需加以调整。如调整不好，应予以更换。

（5）检查碳刷架、碳刷导流辫、连接电缆等各部件的固定螺栓，它们应坚固、紧密、完好。

2. 做好清洁和防尘工作 由于CT设备在正常运行时会出现静电场，导致大量灰尘在电场力作用下吸附于设备表面，而随着灰尘的堆积，设备易因散热不畅而导致温度过高，运行速度减慢，进而影响使用寿命，为此，医务人员在使用CT设备前和使用CT设备后，应立即对设备进行除尘处理，并在无尘状态下进行工作交接。对于CT设备的清洁，应根据环境合理安排清洁频率，重点清理磁盘机，定期检查磁盘存储情况及清洁状态，以避免其出现读写错误等导致故障。此外，操作台需要每日擦拭，使用软布浸湿乙醇，进行消毒擦械，尽可能减少有机溶剂的使用。

3. 规范操作流程 在使用CT设备前，医务人员应提前15分钟左右开机，确保其处于正常状态；在使用CT设备过程中，应避免设备的待机时间过长，且避免频繁开关机；此外，医院应邀请设备供应商等专业技术人员向医务人员讲解正确使用CT设备的方法，确保其能够严格按照相关规范使用设备，避免不规范操作导致的故障。夜间急诊可使用其他CT机以避免频繁开关机对设备造成损耗，从而降低螺旋CT的故障发生率，延长使用寿命。在运行扫描过程中，还需仔细观察屏幕上的提示信息是否有误，便于及早发现问题通知专业设备维修人员予以处理。

4. 定期调整扫描参数 CT设备的扫描效果一般与电压、时间和电流等参数呈正比，但图像质量水平提升的同时也伴随着辐射剂量的增加，这必然会对患者造成一定的负面影响。因此，在实际应用中，应寻求成像质量和辐射剂量的平衡，确保在图像分辨力符合要求的同时，将辐射剂量降到最低，这就需要医务人员根据患者的实际病情合理选择扫描参数。

5. 合适的使用环境 螺旋CT只有在合适的环境中才能正常运行使用，室内空气温度或湿度不适均会造成螺旋CT发生故障。通常情况下，室内温度控制在18~22℃，湿度保持在55%~65%为宜，螺旋CT机房的温度则要控制在21~24℃。湿度偏高或偏低均会造成螺旋CT的零件损耗，湿度偏高会使得磁盘变质、磁层脱落，导致设备短路；湿度偏低则会使某些零部件变形导致其性能发生转变。为保障螺旋CT的正常使用，工作人员必须每日检查设备电源线是否存在异常，实时监测机房和控制室的温度和湿度，安排相关人员定期清理空调滤网、保养除湿机，以确保设备正常良性运转。

6. 稳定的电压 螺旋CT属大型医疗设备，其用电应直接与医院总电闸连接，以提高设备用电的安全性和独立性，从而有效避免因电压不稳定（由电流变化引起）或断电等情况对设备造成损坏。同时，在电缆铺设期间，尽可能与交流电磁场保持一定的安全距离，确保信号线与电源线分开，防止发生电磁干扰。

7. 记录设备运行状态及故障 螺旋CT出现故障时，使用人员应及时联系设备维修人员予以处理，此外，应详细记录故障信息，如故障出现的频次、时间、故障名称、故障代码及维修情况等，这可为设备后期的再次维修提供参考。

8. 空气校准 螺旋CT探测器在运行中存在余辉时间、参数差异以及X线球管输出量变化，故在多次扫描时各通道输出也不同，此现象也被医学上称之为探测器零点漂移，若想修正探测器的零点漂移，则需要工程师进行定期空气校准保养。

9. 预热球管 由于CT设备在医院的使用频率较高，且使用时的电流和电压也较高，往往会导致球管在使用过程中因电热效应而处于高温状态，同时，在使用后球管温度又会快速下降，而如此温差急剧变化很可能导致球管出现爆裂。为避免此种情况出现，在每次使用CT设备前，医务人员应对球管进行预热，以延长球管的使用寿命；对于长期闲置的CT设备，在投入使用前，应先对球管温度进行检测。

10. 球管的定期维护保养 可利用专业软件，科学设置相关容量参数，密切观察真空度。同时，保证冷却器能够快速散热，结合球管内部所存在的主要问题，有针对性地采取维护保养措施，不断减少故障隐患。球管与高压电缆之间要保持有效的接触，加强清扫，避免零部件表面出现较多灰尘。

11. 对散热片与冷却器进行定期的清理 通过定期清理散热片，能够有效提升散热效果，在维护与保养机架与诊断床时，需借助相应的设备，进行有效保养。CT 机的机罩要定期开启，在断电状态下，对上部螺丝进行有效检查，重点检查其是否发生松动，各个插件是否稳固。

12. 主旋轴承与诊断床定期维护与保养 重点检查主旋轴承的润滑性与磨损情况，如果出现润滑度不够问题，需要立即补充适量的润滑油，防止出现较大磨损。

不同放射线片的选择见表 1-4-1。

表 1-4-1 不同放射线类别优缺点及应用时期

放射线类别	优势	不足	应用时期
根尖片	• 费用低廉、拍摄简单，有利于在基层单位开展和使用 • 辐射剂量小，对于观察种植体植入后不同时期骨质和骨量的变化有一定的临床意义	• 二维图像，而且拍摄范围局限，尤其对于下颌骨的种植体在拍摄时由于口底较浅，牙片无法放置在理想的位置，甚至不能完全显示。为了完整地显示种植体，只能加大投射角度拍摄，造成影像较大失真且影响诊断	术后检查 随访复查

续表

放射线类别	优势	不足	应用时期
螺旋 CT	• 大多数综合医院都拥有 CT 机，方便口腔科医师在种植术前检查 • 多层 CT 也可以进行薄层扫描，可以清楚显示上下颌骨的影像 • 利用软件可以进行三维重建，DICOM 数据可以导入第三方软件进行种植术前的评价 • 可以很好地显示软组织结构，如牙龈、上颌窦黏膜和硬腭黏膜的厚度等 • 对患者体位要求低、无痛苦、无创伤、操作简便，患者易接受、配合度较高，其成像质量受外界因素影响较小	• 种植体周围产生伪影，影响了周围细微结构的观察，无法对骨 – 种植体界面做出评价 • CT 影像的三维重建功能适用软件较少，不便于口腔种植学科的普遍应用 • CT 检查的费用较高，只能在其他影像学检查无法满足需要时才考虑使用 • CT 放射线有效剂量相对较高，不符合医疗照射正当化原则，不宜连续多次拍摄 • 图像质量及准确性受体素及螺距影响	初诊 术前检查
CBCT	• 有效计量相对较低，产生辐射较少 • 曝光时间较短，一般在 5~20 秒之间，便于患者的定位，较少发生患者移位导致影像受损的情况	• 与螺旋 CT 比较，CBCT 有很高的空间分辨率而密度分辨率不够，对软组织解剖结构显像不清晰	初诊 术前检查 随访复查

续表

放射线类别	优势	不足	应用时期
CBCT	• 空间分辨率较高，锥形束CT生成的原始影像物理层厚在0.076~0.3mm之间，对细微的解剖结构的解析能力更强 • 金属伪影的影响较小，在螺旋CT上高密度金属与相邻密度较低的骨组织界面之间会产生低密度的金属伪影，而在锥形束CT技术中应用了相应的数字化手段来减轻伪影的影像，有利于骨－种植体界面骨结合的判定 • 锥形束CT的软件环境及三维重建功能更加便捷、丰富，更适合于口腔科临床应用 • 设备成本相对较低，便于口腔科的广泛应用，相应的检查费用也较低，易于被患者接受	• 种植体或者口腔内存在的金属周围的伪影仍然无法完全消除，从而可能影响诊断质量 • 获得的图像层面越小，数据就越大，图像的视野越大；如果其文件较小，其图像质量必然就会下降。同时数据量越大，传输的速度就会慢，甚至影响医院整个网络的速度	初诊 术前检查 随访复查

续表

放射线类别	优势	不足	应用时期
全景片	• 可以同时测量牙槽突的高度和缺牙间隙近远中向宽度 • 排除了骨皮质的干扰，可以清楚显示扫描层骨小梁的变化 • 解剖标志易于辨认 • 与种植治疗相关的特殊结构（如上颌窦、下颌管和鼻腔等）显示较为清晰 • 可排除颌骨可能存在的其他病变和评价余留牙的状态 • 放射剂量小 • 易于拍摄，费用低廉	• 不能反映牙槽骨颊舌向的状态 • 由于颊舌侧软硬组织的重叠，可能产生对牙槽突骨量、骨密度的误判；另外，部分患者由于头位原因，硬腭的影像会在上颌窦底区重叠，故上颌窦底区清晰度差，部分病例甚至不能准确判断上颌窦底的位置 • 影像放大失真及扭曲变形明显 • 无法评价下颌管等重要结构在颌骨中的三维空间位置。一些重要的解剖标志不能精确地显示，例如上颌窦底分隔	初诊 术后检查 随访复查

选用原则：在保证诊断准确性的基础上尽量减少患者接受放射线的剂量，降低检查费用。

X 射线诊断设备区域设计

X 射线诊断设备是口腔诊所的重要设备。用于安装 X 射线诊断设备的射线屏蔽室应按照防辐射要求设计施工，射线屏蔽室不能泄漏 X 射线。

摄像室（射线屏蔽室），X 射线牙片机功率小，设备安装面积大于 $4m^2$；口腔曲面断层机、口腔 CBCT 机，安装面积大于 $6m^2$。不允许两台 X 射线设备共用一个房间。屏蔽室做射线防护，推荐使用 1~2mm 铅皮（铅当量大于 1.0mmPb），门和房间内六个面无缝隙全面覆盖。施工时用强力胶将铅皮粘贴在墙和地面上，不能用钉子固定。门框、合页、锁头用铅皮压缝。无论使用何种防护措施，应先安装 X 射线设备，通过 X 射线机真实运行检查射线有无泄漏，合格后再做内墙面装饰。屏蔽室亦可采用 X 射线防护门定型产品。

安装 X 射线诊断设备，应预留有射线屏蔽措施的电源线和数据线管路出口，避免穿线时破坏屏蔽层。防护室视窗所用的铅玻璃造价昂贵，可以用摄像对讲系统代替铅玻璃视窗。

口腔放射影像设备的发展趋势

在口腔放射影像逐渐普及的今天，几乎每家诊所和大型医院都会配备影像设备，为了适应牙科诊所一般因为房租高昂而场地有限的实际情况和简化影像拍摄过程，不少品牌都研发了多合一设备，例如 Planmeca 将头颅侧位、全景、CBCT 三项功能于一身。而未来的发展趋势是逐渐将更多种拍摄集中于一台设备，如口扫、面扫、口内照等。口腔影像的发展未来在一定程度上代表了口腔数字化的未来，数字化的未来一定是互联互通的。

第五节 微距相机

一、简介

口腔微距摄影是一种特殊的摄影类别，由于拍摄目标和拍摄环境的特殊性，口腔摄影的器材选择与一般的微距摄影不完全相同，并有一定的特殊要求。拍摄完成一套完整的病例记录，需要的器材除了单反相机、微距镜头、闪光灯等外，还需要开口器、反光镜以及背景板等专业辅助器材。口内照片的数据是初诊－治疗过程中－复诊－维护时和全景片以及牙周检查相比肩的重要资料，能给予我们重要的视觉数据，积累这些数据是很重要的。

（一）工具选择

1. 镜头 口腔摄影器材应选择微距镜头。微距镜头的特点是有较长的焦距以及较大的放大倍率（一般可达到 1∶1），其焦距一般在 80~120mm，这样的焦距能够避免广角镜头的畸变问题。而较大的放大倍率能使微小的口腔内物体占满整个画面。微距镜头一般是定焦镜头。虽然很多单反相机配套的变焦镜头能够达到 100mm 以上的焦距，但是由于对焦距离太远，放大倍率不够大，因此无法拍摄口内的照片。

镜头的升级比较慢，很多好的镜头可以用上10多年，甚至能通过转接环配到其他不兼容的机身上。所以，在摄影起步的时候投入一只不错的镜头是件很划算的事情，如佳能EF 100mm f/2.8 USM微距镜头（老百微），老百微最大1∶1的放大倍率和出色的成像质量，使其能满足绝大部分的口腔摄影场合。另外，若是追求微小细节的捕捉，可以选择佳能MP.E 65mm f/2.8 1–5X微距镜头，其放大倍率能达到极大的5∶1，能对一些普通微距镜头无法捕捉的微小世界进行较好的成像。

2. 机身 口腔摄影器材一般选择单反相机。单反相机的优点是能够选择丰富的相机配件，如镜头、闪光灯，同时能够保证较高的图像质量。单反机身的更新换代较镜头快，通常1~2年就会出现更新换代，所以考虑经济情况的医师不要浪费过多的钱在机身上，也不一定要购买昂贵的全画幅的机身。非全画幅的机身用好了也是一样的，同时重量也轻些。

3. 闪光灯

（1）环形闪光灯：口腔摄影常常需要近距离拍摄口腔内的情况，普通的闪光灯难以适用。环形闪光灯作为传统微距摄影闪光灯，其操作简便，适用于大部分情况下的口腔微距摄影，其所发出光线垂直于被摄物体，可消除被摄物体所有阴影，还能展现更多被摄物体表面细节，运用在口腔数码微距摄影中有助于展现更多牙面如纹理或质地等细节特点。但同时环形闪光灯也有可能导致位于画面中央的牙齿表面出现大面积反射光斑，因而出现拍摄画面整体效果过于扁平化、缺乏立体感。

（2）双头闪光灯：两个位于镜头两侧的闪光灯通过支架与微距镜头相连，通过弹性连接线与相机热靴上的控制器连接。大多数品牌的双头闪光灯与镜头光轴的角度均可调节。与环形闪光灯相比，在口腔微距摄影实践中，双头闪光灯所发出光线更柔和，且拍摄所得照片曝光更加均匀，且能更好表现牙齿色彩特性、半透性及表面纹理等，有助于得到含有更多牙面细节信息的口内微距照片。正是由于双头闪光灯的上述优点，在拍摄前牙美学区时尽量使用双头闪光灯，但需要拍摄者丰富的临床操作经验。在进行口腔微距摄影拍摄时，双头闪光灯因双侧闪光灯距离较远，闪光灯发出的光线可能会因双侧颊部软组织、邻牙或牙槽骨等部分遮挡，从而在画面远中部分形成阴影，导致照片整体曝光不均匀。在使用双头闪光灯时，当位于镜头两侧的双头闪光灯与镜头光轴或被摄物件间的角度为 45° 时，可为口腔数码微距摄影提供较广泛均匀曝光的人造光源，当双头闪光灯与被摄物体角度为 20° 时，可消除照片中牙齿唇面的高亮反光。

（3）闪光灯的选择：环形闪光灯与双头闪光灯互有优缺点，环形闪光灯适用于对美学效果要求不高的后牙区拍摄或操作者技能掌握尚未成熟时；双头闪光灯由于更加柔和、均匀的曝光效果更多适用于口腔前牙美学区的拍摄（图 1–5–1）。口腔微距摄影用偏振镜（图 1–5–2）可有效滤除闪光，饱和度高，适合美学评估。

4. 口角拉钩 口角拉钩可以拉开唇颊组织，避免它们对口内目标的遮挡，同时也能够配合反光镜以及背景板的置入。一般选择两侧单独的拉钩便于提拉、展开和搭配，而不是一体拉钩。

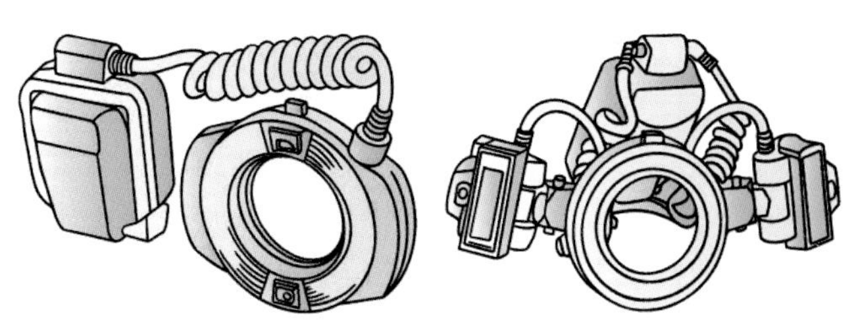

A. 环形闪光灯　　B. 双头闪光灯

图 1–5–1　闪光灯

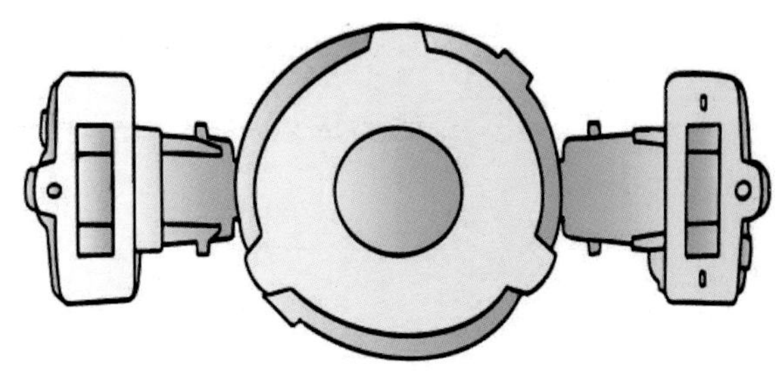

图1-5-2 偏振镜

5. 反光镜 口腔摄影用的反光镜与一般镜子不同，它的反光层在玻璃表层（也有金属的反光镜），因此，可以避免二次反射造成的重影。反光镜有不同的形状，可用于一些不能直接拍摄到的部位，如全牙弓殆面、后牙颊面、舌面等。

6. 背景板 口腔摄影中常用黑色的背景板，可以去除背景干扰，让画面干净，并体现前牙的透明感。

（二）基本概念

1. 光圈

（1）光圈 F 值 = 镜头的焦距 / 镜头光圈的直径。

（2）F 值越小，光圈越大，代表一段时间里面会有更多的光透过镜头，景深越浅，适合拍面部。

（3）F 值越大，光圈越小，穿过镜头光的量越小，景深越深，适合拍口内。

2. 景深

（1）当某一物体聚焦清晰时，从该物体前面的某一段距离到其后面的某一段距离内的所有景物也都是相当清晰的。焦点相当清晰的这段从前到后的距离就叫做景深。

（2）一般景深的范围是在给定焦点的前 1/3 和后 2/3。

（3）为了使所有牙齿都清晰，在拍摄牙列正面照时应该定焦在尖牙。

（4）一般拍摄口外、面部照时取 F:8，口内照时取 F:22，再在此基础上根据光线实际情况进行调整。

3. 快门速度

（1）反光板抬起后持续的时间，即允许光经过镜头落在感光器上的时间。

（2）快门速度越快，可以起到“动作冻结”的拍摄效果。但是如果光源较弱，延长快门速度可以增加进光量以保证足够的曝光。

（3）临床相机快门速度设在 1/125 秒（不调整）。

4. 感光度 ISO

（1）感光元件对光线的敏感程度。

（2）ISO 越高，对光越敏感，适用于弱光环境，但是图像噪点也会增加。

（3）如果光源较弱，而动作需要增加快门速度，或是图像需要较高的景深时，可以适当增加 ISO。

（4）一般设置 400。如果曝光不够可以调到 400~800（一般不调整）。

5. 曝光

（1）拍照时，感光器或胶片接收到的光量称为曝光值。当曝光值合适时，即表示曝光准确，拍出来的图像色调正常，光影对比度适当，色彩饱和度理想。

（2）曝光不合适又分为曝光过度和曝光不足。

6. 白平衡

（1）在不同光源下数码相机要确定画面的标准白，才能根据标准白渲染画面色彩。

（2）由于口腔内组织结构较多、色彩反差较大，不建议使用自动白平衡，可能不能准确还原口腔组织色彩。

（3）5500k 的设定或者闪光灯最接近平日自然光，拍出来的皮肤色调更接近自然（不调整）。

二、使用与维护

（一）快速拍摄

反复拍摄会给患者增加负担。为了减轻患者负担，有必要进行快速正确的拍摄操作。在熟练掌握拍摄技巧之前，可以用上下颌模型练习，或者互相扮演患者，相互拍摄练习。不同角色练习内容及基本原则见表 1-5-1。

表 1-5-1　不同角色练习内容及基本原则

角色	练习内容	基本原则
医师	熟练拍摄姿势和倍率，避免给患者带来不适；掌握相机和被拍摄物的距离，了解可迅速拍摄的顺序	不需把持式 姿势为平躺式 所需时间是 5 分钟 拍摄时 2 人 1 组 使用牙椅照明灯 拍摄后的口腔照片，用显示器向患者讲解（有时也会和治疗前的照片进行比较说明）
助手	练习反光镜的角度和操作，以及黏膜的剥离，唾液的吸收，吹干的时机等，和医师的节奏保持一致	
患者	感受反光镜碰到牙齿的不舒适感，张口时的痛感，以及剥离黏膜和使用口角拉钩时的疼痛感	

（二）提前沟通

拍摄前应与患者沟通，强调照片留存的重要性，让其更加配合口内照片的拍摄。

（三）准备工具

拍摄时需要准备口角拉钩、口内拍摄用反光镜、黑背板（图 1-5-3）。如没有助手，请患者协助把持。

（四）拉钩的使用方法

拉钩的使用方法见图 1-5-4。

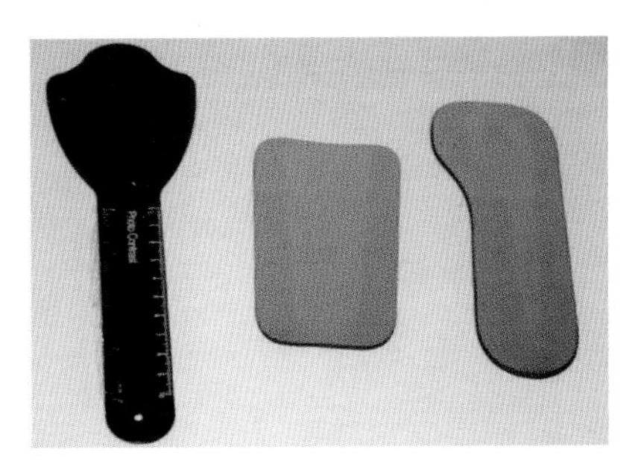

图 1-5-3 常用黑背板和反光镜

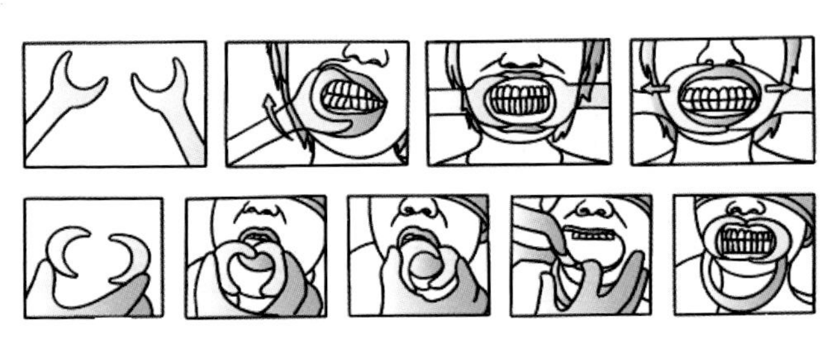

图 1-5-4 拉钩的使用方法

（五）口腔微距摄影原则

1. 治疗前后保持一致 拍摄口腔内照片时，应注意拍摄部位、角度以及照片张数的统一，这样会更容易确认患者的变化以及治疗成果。

2. 主题明确，无其他干扰因素。突出主题的方法——做减法，使用黑色背景板。

3. 尽量保证与微笑照在同一个角度 在没有办法确定时选择多拍几个角度的照片，后期进行选择。

（六）保持画面干净

拍摄前嘱患者漱口；保证反光镜干净；为了防止反光镜起雾，可以将反光镜套上 PE 手套浸泡在体温程度温水中或在拍摄时用三用喷枪吹气。

（七）需要拍摄的标准照片

口内14张标准照见图1-5-5。

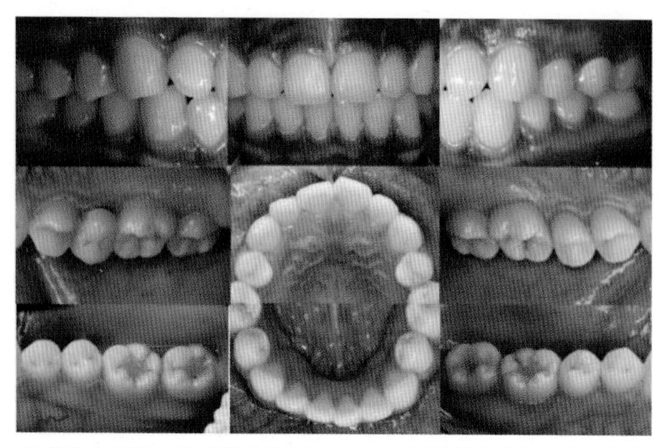

A. 局部放大照片9张（放大倍率：1∶1.2；拍摄部位由左至右、由上至下：右后牙颊侧；前牙正面；左后牙颊侧；右上后牙腭侧；上前牙舌侧；左上后牙腭侧；右下后牙舌侧；下前牙舌侧；左下后牙舌侧）

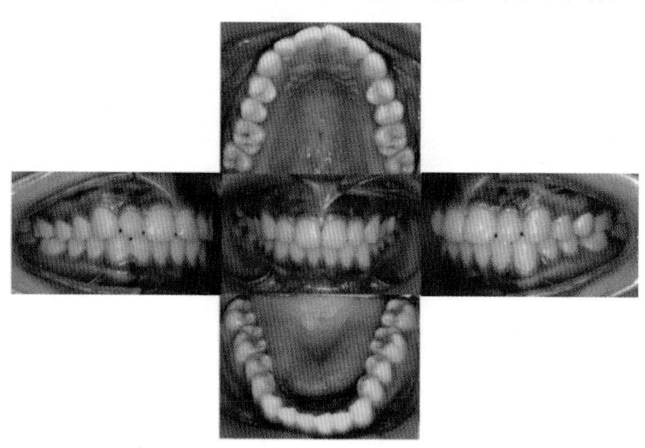

B. 基础牙列照片5张（放大倍率：1∶2；拍摄部位：上颌𬌗面；右侧咬合；正面咬合；左侧咬合；下颌𬌗面）

图1-5-5 口内14张标准照

（八）相机参数选择

相机参数选择见图 1–5–6。

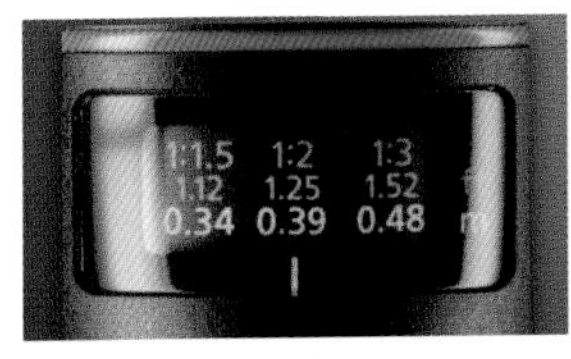

放大倍率 1：2（全画幅）

放大倍率 1：1.2（全画幅）

放大倍率 1：3（APS–C 画幅）

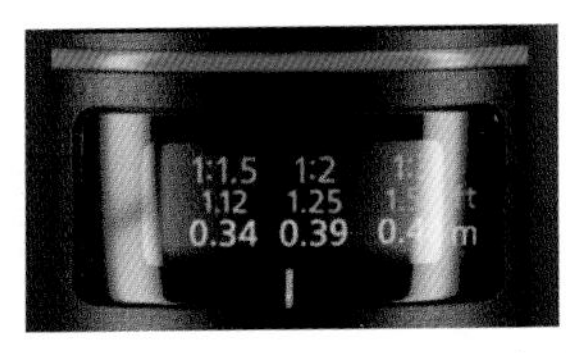

放大倍率 1：1.8（APS–C 画幅）

A. 全牙列拍摄放大倍率选择　B. 局部照拍摄放大倍率选择

C. 相机模式：手动 M

D. 对焦模式：自动 AF（口内照 / 人像）

	光圈	快门速度	ISO	对焦模式	测光模式	白平衡	图像格式	照片风格
口内照	22	1/125	640	MF	矩阵测光	闪光灯	RAW	中性
人像照	8	1/125	640	AF	中央重点	闪光灯	RAW	中性

E. 相机参数设置汇总

图 1–5–6　相机参数选择

（九）各部位拍摄注意事项

1. 口腔正面照的拍摄方法

（1）使用开口器拉开嘴唇，口角拉钩手柄与咬合面在同一平面上。

（2）牙列中线位于图片中央。

（3）牙弓左右侧露出量一致（以保证牙弓没有左右偏斜）。

（4）两侧颊间隙大小相等。

（5）颌曲线为略弯曲的曲线，与正面面容中的曲度一致。

2. 口腔侧面照的拍摄方法

（1）口角拉钩手柄与咬合面在同一平面上。

（2）牙列前方拉钩与牙齿不接触。

（3）后方拉钩尽量拉开。

（4）尖牙位于构图中心。

3. 咬合面拍摄方法

（1）上颌牙弓中线应位于反光镜中央。

（2）反光镜末端边缘与上颌牙齿不接触。

（3）磨牙颊侧边缘与反光镜边缘保持距离。

4. 舌腭侧拍摄方法

（1）反光镜后端远离被摄磨牙。

（2）反光镜尽量向外，最好与对侧牙列垂直，接近前磨牙位置。

（3）后牙牙体位于反光镜中央。

（4）拍下颌时，患者舌头放置于反光镜后方。

5. 后牙颊侧面拍摄方法

（1）拿掉摄影侧的口角拉钩。

（2）反光镜尽量深入牙弓后方，并向外打开。

（3）反光镜远离牙面。

（4）牙列位置在反光板正中，与反光板平行。

6. 前牙舌侧拍摄方法

（1）牙弓中线与反光镜中线一致。

（2）反光镜末端接触对颌第一磨牙。

（3）使用半口拉钩拉开拍摄侧的嘴唇以暴露前牙切端。

7. 上颌黑色背景板拍摄方法

（1）使用开口器拉开嘴唇，口角拉钩手柄与咬合面在同一平面上。

（2）牙列中线位于图片中央。

（3）牙弓左右侧露出量一致（以保证牙弓没有左右偏斜）。

（4）两侧颊间隙大小相等。

（5）颌曲线为略弯曲的曲线，与正面面容中的曲度一致。

（6）因画面中黑色部分面积较大，根据“白加黑减”曝光补偿原则，适当减少曝光。

8. 面部正面照拍摄方法

（1）相机应该和患者的眼睛在同一水平面上。从这个角度看患者的牙列就会形成一个自然的弧线。注意让患者不要仰头或低头。

（2）拍摄者可以坐在凳子上，以保证与患者处于同一高度。

（3）开口照与微笑照的头部位置要一致，这样才能保证两张照片中牙齿能够重叠，方便进行美学分析。

（十）患者舒适

反光镜不要触碰牙齿（患者不舒服/镜面也会损伤）。分离黏膜时不要用力过猛，张口程度应配合患者，过于勉强时应终止拍摄。

（十一）患者姿势

通常可以以平躺或斜躺的姿势进行拍摄。一个人拍摄时（在没有助手的情况下），建议请患者协助以坐姿进行拍摄。

（十二）颊黏膜扩展不开的解决方法

（1）嘱咐患者放松。

（2）确认口角拉钩是否拉伸过大，向上提而不是两侧过分扩张口角。

（3）将反光镜从后磨牙处剥离的同时扩张口角。

（4）调整拍摄范围，在可拍摄范围内进行拍摄。

（5）判断患者是否张不开口（颞下颌关节综合征），待症状改善后再进行拍摄。

（十三）产生光晕时的解决方法

（1）自然光线强时，遮光。

（2）按快门时选择单侧发光，调整反光镜强度和角度。

（十四）反光镜的保存

1. 拍摄前 预先用消毒液清洗，然后干燥；为防止起雾，事先加温。

2. 拍摄后 用消毒液洗净后再用消毒液浸泡。

3. 诊疗后 清洗干燥后，摆放在柔软的布或者牙科专用毛巾上，为防止划伤，再在上面盖一层布。

第六节 面部扫描系统

一、简介

面部扫描系统，又称面部扫描仪（图 1-6-1），能够在短时间内迅速完成面部的三维扫描，获取面部的三维外形数据和彩色纹理数据，一次性采集额头、鼻部、唇部、下巴等面部三维数据，对人脸高精度智能建模。对人眼无害，扫描过程可保持双目张开，适用于对美学要求较高的前牙数字化修复方案设计。

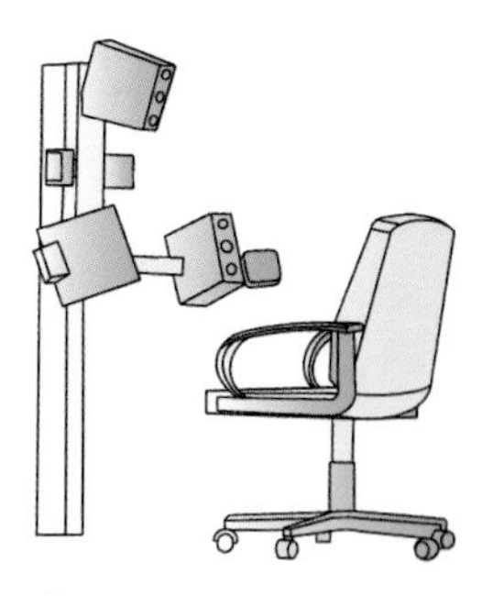

图 1-6-1 面部扫描系统

二、使用与维护

（一）目标明确

预先明确扫描需求，选择适合扫描配置的相机布局。

面扫布局举例见图 1-6-2。

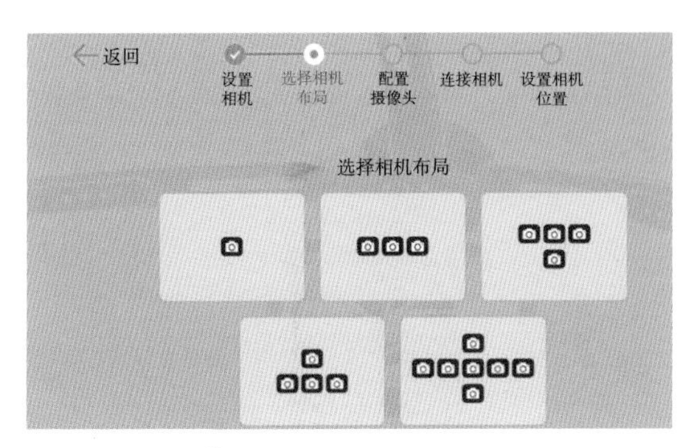

图 1-6-2　面扫布局举例

（二）校准

校准控件可重新校准相机。当看到较差的扫描结果或无法在扫描页面中正常采集数据时，请选择校准。

（三）提前预览

当相机预览开始显示在屏幕上时，如果脸部未正确放置在采集框中，则拍摄按钮将被禁用。如果一定时间后摄像头识别不到脸部，则预览将超时并返回主页。手动将相应的摄像机预览拖动到正确的摄像机布局位置。

（四）扫描过程

确保脸部完全位于采集框内后，按捕获按钮，直到扫描完成。

（五）扫描后处理

扫描完成后，可以预览查看扫描。保存面部扫描：按“保存图标”以保存扫描结果。然后，可以选择其他文件格式、分辨率、模型平滑度、水密性、地标性和模型方向性，以获得所需的正确输出。

（六）维护

1. 自安装调试后，长期停机后，使用前必须校准。

2. 补光灯不是必要使用的，如遇到损坏不影响使用。

3. 扫描用电脑不能随意更换。

4. 故障排除

（1）检查服务状态：转到 Windows 的“开始”菜单并启动“服务”应用程序。检查软件是否正在运行。如果它正在运行，但是发现浏览器应用程序存在问题，点击“重新启动服务”按钮。然后，刷新“浏览器应用程序”页面。不同品牌面部扫描仪操作方法类似。

（2）检查 USB 电缆：如果发现相机断开连接，请检查是否已连接 USB 线缆。尝试拔下插头，然后重新插入。

（3）登录失败：如果有登录问题，首先检查网络连接。如果网络连接后仍然存在问题，请按页面所示疑难解答进行操作。

第七节 口内扫描仪

一、简介

口内扫描仪（IOS）是可以记录和保存患者口内牙齿、软组织形态以及咬合关系等的彩色 3D 立体图像。现有绝大多数口内扫描系统产品获取的数据系统架构为开放格式，3D 立体图像的数据能够以 STL 文件格式传递使用。在种植数字化流程中，通过口内扫描或模型扫描来获取患者的牙列及软组织的表面结构信息，来补充导板设计时需要的所有结构位置信息，该数据可以便捷地导入牙科数字化诊疗设计软件中进行后续设计与制作。口内扫描仪的应用极大提高了临床诊疗效率与精准度，具有诸多优势，包括：减少操作时间；可重复性强，可用于再次评估；代替取模操作；真彩颜色显示；减少使用的材料；可直接有效利用牙尖交错𬌗；代替石膏模型；软组织的无压力取模；节省模型储存空间；图像变形小；提高术者、患者治疗舒适感。传统与数字化制作冠流程对比见图 1-7-1。

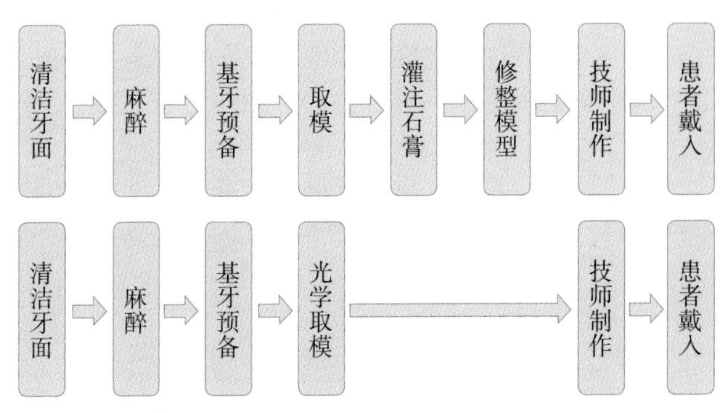

图 1-7-1　传统与数字化制作冠流程对比

口内扫描技术相比于传统印模方式省去了印模制取、灌注模型、模型消毒等临床流程，获得的数字化模型精度稳定性和可重复性更高。

临床上使用的口内扫描仪分为两种，一种需配合口腔科光学喷粉进行口内扫描，另一种则无需喷粉。需要光学喷粉的原因是，非接触式扫描仪适用于漫反射物体，对于牙齿来说，釉质呈半透明状，且被唾液湿润后呈高反光状，因此为非漫反射状物体，需要配合光学喷粉使用，现在这类扫描仪已不常用。

口内扫描仪扫描方式（即数据读取原理）是指非接触式光学取模时，光如何到达对象物体的测量方式。它左右了如何操作才能够高效地读取到稳定数据，是使用者最应该考虑的关键。

口内扫描仪扫描方式具有光到达对象物体后集成信息的特性，因此有三角测量方式、共焦点方式、激活波前采样方式

（AWS）、立体摄影测量方式等不同方式。现售的口内扫描设备常常采用多种技术的组合，以达到更好的扫描效果。这里主要强调三角测量方式和共焦点方式。

（一）三角测量方式

所谓三角测量，是指在已知某两点之间精确距离时，应用两点两端的角度演算与这两点相离的某一点的距离的方法。

利用该原理，通过光照射在远离的物体上形成一点，将连续测量到的该点的距离值应用三角函数变换为 3D 形态，进行光学取模（光学 3D 测量系统）。

（二）共焦点方式

共焦光学系统中具有对焦部分拍摄明亮、非对焦部分变暗的特性。

三角测量方式和共焦点方式特点分析见表 1-7-1。

表 1-7-1　三角测量方式和共焦点方式特点分析

	优点	不足
三角测量方式	• 应用三角测量方式的 3D 扫描仪，可以将实际存在的东西进行读取制作成虚拟模型。从小尺寸物体到人、车、铁路、飞机，甚至桥梁和遗迹等被广泛应用，可以将颜色和形状 3D 化，它作为进入虚拟空间的入口已经被日常利用	• 对光反射弱 • 难以拍摄移动中的对象物体 • 已设定的两个点之间与照射光产生的一个点之间需要一定的距离 • 在狭窄的空间使用时容易产生距离问题
共焦点方式	• 由于去除了从非对焦区域发出的不需要的散乱光，所以对比度高、分辨率高，并且景深变深 • 可以构建表面的 3D 结构，进行表面形状测量、台阶测量、粗糙度测量等，因此光学取模的可信度很高	• 不善于拍摄移动物体 • 识别尖锐的区域部分时，液体的存在影响大 • 在焦点移动过程中，对象物体移动会发生影像偏移 • 对焦准确会提高精度，技术敏感度高

二、使用与维护

（一）实时判断

口内扫描仪扫描后可以立刻在图像中对基牙形态，以及周围组织进行确认，操作者需要实时判断是否需要重新扫描某些区域。

（二）选择性重新扫描

口内扫描仪可以选择性地扫描。例如，因出血或唾液等使基牙边缘的影像不精确，只需要重新扫描有问题的局部。

（三）检测基牙预备

可以通过虚拟模型，确定修复治疗中非常重要的参数——就位道，检查基牙预备是否存在倒凹及对颌间隙（特别是考虑到微创修复最小限度的制备量）等。

（四）有代表性的口内扫描仪参数

不同口内扫描仪参数见表 1-7-2。

表 1-7-2　不同口内扫描仪参数

型号	色彩	数据读取	数据读取原理	输出格式
CS3500\CS3600（Carestream Dental）	彩色	多画像重叠录像	三角测量方式	STL
Cerec Omnicam（Dentsply Sirona）	彩色	录像	活跃三角测量方式，共焦点方式	封闭系统
Planmeca Emerald（Planmeca）	彩色 / 黑白	多画像重叠	三角测量方式，共焦点方式	STL
3Shape Trios 3（3Shape）	彩色	多画像重叠	共焦点激光	dcm-Inbox-STL

续表

型号	色彩	数据读取	数据读取原理	输出格式
iTero Element（Align Technology）	彩色 / 黑白	多画像重叠	3D 激光扫描	STL
Aadva IOS（GC）	黑白	多画像重叠	立体摄影和构造光投影	STL

（五）数字化数据的锁定功能

精确扫描后，使用锁定功能防止已经确认的部分随后变形。在扫描种植体穿龈轮廓时，通过锁定扫描好的软组织，保留随着时间变形的软组织原貌。固定义齿基牙的光学取模时也可以利用锁定功能，将可能会随时间变化的龈缘形态以及精确扫描完成的基牙终止线保存下来，防止变形。

（六）数字化数据的切除功能

点击画面上工具栏中的剪刀图标，选择切除功能，切除以前扫描或复制的部分数据，再进行部分扫描，追加基牙预备后的数据或拔牙后的种植计划等数据。重要的是可以长期保存基牙预备前、拔牙前患者固有的咬合关系。在发生问题时，可以参考以前的咬合关系进行治疗，或者在发生颌位偏移时，可以从 3D 角度发现其原因。

（七）精度差异

不同设备精度存在差异，甚至相同设备的精度在不同研究中也表现出较大的波动范围，对于相同设备而言，扫描牙弓的范围也会影响其精度。综合得出不同设备的报道结果，当前的口内扫描精度基本在 100μm 以内（表 1–7–3）。不同精度网格示意见图 1–7–2。

表 1-7-3　不同扫描仪精度

口内扫描仪	精度（μm）
3 Shape Trios	19~78.4
iTero	23~57.4
3M True Definition	21.8~59.7
Planmeca Emerald	56.5~90.1
Cerec Omnicam	13.8~118.2
Carestream CS3600	26.7~154.2

注：该设备更新迭代较快，需查阅当下产品说明书核实。

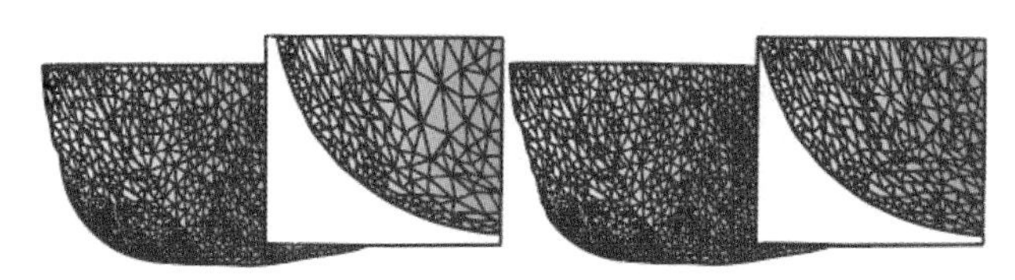

图 1-7-2　不同精度网格示意

为了精确地制取光学印模，需要排除影响扫描的因素，在扫描技术上下功夫。影响扫描精度的主要因素如下：各种扫描装置本身、三角测量方式或共焦点方式等数据读取原理与技术、口内的唾液以及出血、治疗用光源、扫描顺序、光学取模数据的运算处理方式、CAD 中的数据转换错误等。

1. 模型变形　口内扫描仪也可以扫描口外模型，由于模型扫描前需要先制取印模并灌注石膏模型，这些过程中的不当操作可能导致最终的模型发生变形。这种情况下，即使模型扫描准确，最终获得的数据也不能真实地反映口内情况，并且二者之间的差异不能轻易地通过肉眼辨别。

2. 扫描方式　扫描时动作连贯，速度均匀，尽量保证预备体/基台肩台及以上区域数据完整，邻牙的邻接触区数据完整。

（1）上颌单侧的光学取模：按照磨牙合面、颊侧面、腭侧面的顺序进行扫描，避免患者因为开口的疲劳，导致颊黏膜松弛收缩而改变焦距给扫描带来不良影响。

（2）下颌单侧的光学取模：按照磨牙合面、舌侧面、颊侧面的顺序进行扫描。避免患者因为开口的疲劳，导致舌体移动和颊黏膜松弛收缩而改变焦距给扫描带来不良影响。

单侧扫描顺序见图 1-7-3。

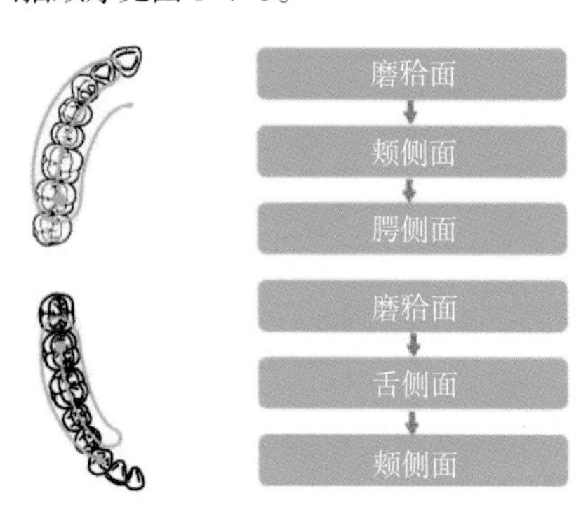

图 1-7-3　单侧扫描顺序

（3）上颌全颌的光学取模：牙合面从右侧到左侧，颊侧面从左侧到右侧，腭侧面从右侧到左侧进行光学取模。牙合面标志点多，从牙合面进行光学扫描，即使扫描中途中断，也可以很容易再次配准扫描。

（4）下颌全颌的光学取模：牙合面从右侧到左侧，舌侧面从左侧到右侧，颊侧面从右侧到左侧进行光学取模。舌侧面会积存唾液，所以需要尽早进行光学扫描。

全颌扫描顺序见图 1-7-4。

3. 校准　移动或运输设备后，出现取像效果重影或不清晰等情况时，需对摄像头进行校准。

4. 口内环境　由于唾液和出血等影响，光源无法到达预测的位置而产生偏光，光学印模会产生变形。需在扫描前或过程中用吸唾管或三用喷枪清理唾液或血液。

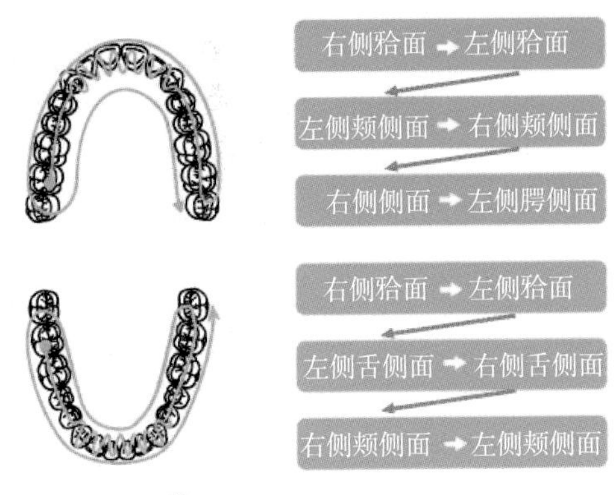

图 1-7-4　全颌扫描顺序

5. 光学取模数据的运算处理　因为光学取模时无法清晰地采集形态，计算出的虚拟模型与本来的形态相比会有很多锐角部分消失。考虑到光学取模的这一缺点，需要在基牙预备时尽可能地使基牙光滑圆润。

（八）CBCT 拟合偏差

各公司生产的扫描仪在精度上存有差异，可能会影响诊疗的精确性。所以建议以 CBCT 获得的硬组织信息为基准，叠加口内扫描仪的扫描数据，一边验证一边使用。

1. 拟合注意要点　需要注意的是采用选点拟合的方法时，应选择解剖特征点，并且位置应尽量分散。另外，拟合点对数也可能影响拟合结果，拟合精度随着拟合点对数的增加而增加。

2. 数字化模型获取的精度　对于单牙位而言，传统印模技术和数字化印模技术并无太大差异，偏差属于临床可接受范围。对于多牙位而言，口内扫描与传统印模无明显差别，但口内扫描更容易出现扫描杆匹配偏差的情况。另外需要注意的是，随着扫描距离的增加，扫描误差也随之增大，可能出现 50~600μm 的偏差。对于全颌种植而言，结合种植桥架基台口内定位系统口内扫描技术比传统印模技术更准确，其精度可以满足临床要求。

3. 数字化咬合获取的精度 目前借助数字化技术直接获取咬合关系的精度尚不能达到上述要求。误差为 69μm ± 11μm，最小偏差接近 30μm，最大偏差接近 600μm，提示临床对于口内扫描设备的选择极其重要，也预示着最终修复体一次就想获得足够的咬合精度是困难的，徒手调𬌗不可避免。

（九）种植穿龈轮廓的光学取模

作为研究模型，首先进行全颌预扫描，保存包括咬合状态在内的数据。通过有效利用数字化数据的复制，可以简单地进行光学取模。天然牙和种植体修复混合存在的情况，首先拆除天然牙的临时修复体进行光学取模，然后取下种植的临时修复体后立即对软组织进行光学扫描。扫描需要在 2~3 颗牙范围进行。

（十）光学取模时应考量的事项

因使用的扫描头不同，采集取模难易度也会不同，应熟知基牙光学扫描特有的问题点，特别是设定适合光学扫描的终止线位置以及基牙外形。基牙预备时应考量的要点如下所述。

1. 终止线存在龈缘下深部的情况，需要向侧方大幅度压排牙龈，需要移动扫描头使光捕捉到终止线的线角。

2. 终止线尽量设置于龈上。

3. 线角在光学扫描时可能会被圆钝化，因此终止线应用超声波振动尽可能地加工光滑，前牙的切端部分和各个面移行部保持圆钝化，可以提高 CAD/CAM 冠的密合度和稳定性。

4. 虽然内线角圆钝的直角肩台形态可以光学取模，但浅凹肩台形态更适合。

（十一）基台水平取模

唾液和龈沟渗出液等会使光学取模的精度降低，对多颗基台同时进行光学取模时，需制取单颗基台数字化模型，操作方法为全口光学取模后，再与单颗基台模型的技工室桌面扫数据拟合在一起，制作修复体。

（十二）种植体水平取模

使用之前保存在计算机内的全颌印模数据，删去种植牙位部分，只对该部分进行光学扫描。在拆下临时修复体的同时，在穿龈轮廓还没有变化之前进行光学扫描保存，然后使用锁定功能使软组织部分处于不再被扫描的状态。接着将种植体扫描杆连接到种植体上进行光学扫描，采集种植体植入深度、角度的数据。

（十三）表面 / 颜色无法扫描

尽量保持扫描区域干燥。如果仍不满意，可使用扫描喷雾剂。理论上深凹陷或者邻间隙部位的扫描效果取决于口内扫描仪可实现的扫描深度，但扫描喷雾剂可以使较暗区域表面覆盖明亮的、易被扫描镜头捕获的粉末。但要注意，喷雾层一定要尽可能薄。

（十四）扫描不流畅

如遇到扫描流畅度下降或者系统启动和数据处理非常缓慢，说明内存不足。可以付费让生产商给设备增加内存，也可以将数据有规律地排列，并定期从扫描仪中删除不需要的患者信息。

（十五）黏膜扫描

由于黏膜具有一定动度，重复扫描黏膜时黏膜可能前后图像不匹配，扫描仪会“卡住”，甚至会产生失真图像。可以使用软件中“剪切”工具去除有问题黏膜区域，重新扫描。在扫描中需要借助黑色手套、开口器或木质压舌板分离黏膜。

（十六）不同区域颜色偏差

在使用颜色自动匹配功能时，需要注意扫描中记录的颜色取决于周围的光线，如果使用外来光源（如综合治疗台照明灯）辅助扫描，光线照亮的区域呈现的颜色与只有扫描手柄光线照亮的区域将呈现不同的颜色。故需关闭额外光源再对扫描区域进行扫描。

（十七）维护

1. 轻拿轻放，跌落、碰撞等情况均会导致口内扫描仪的精密光学部件受到损害，从而影响三维扫描的结果。

2. 不可将口内扫描仪置于高温、高湿环境中。

3. 注意散热，在使用过程中保证散热口不被遮挡。

4. 定期对出风口及散热口的灰尘进行清洁。

5. 定期对口内扫描仪的触摸显示屏和推车用软布进行清洁。

口内扫描仪的发展

口腔数字化诊疗是未来发展的必然趋势，而口内扫描仪则是实现口腔数字化诊疗的基础，目前该设备的发展趋势是将各种功能集成于一台设备。例如一些口内扫描仪在 3D 重现的同时，还可以拍摄口内照片，利用实时图像来展示特定的区域的形态；一些扫描仪还可以提供龋齿检测，提高患者就诊效率；一些扫描仪利用真彩扫描结果结合比色功能显示精确的牙齿颜色，为后续的修复提供可靠的参考数据；一些扫描仪可以在静态扫描的同时收集动态的咬合数据；一些扫描仪拥有重力感压，在交互式界面导航功能中，让用户可以挥动扫描仪使用各种扫描辅助功能；一些扫描仪可以依靠无线网络连接电脑屏幕，无线网络让扫描更加灵活。总之，口腔全面数字化的趋势已经到来，作为数字化的起始，口内扫描仪的发展十分迅速、可观。

第八节 种植桥架基台口内定位系统

一、简介

种植桥架基台口内定位系统（图 1-8-1）又称口外扫描仪，是一种高精度、能在口腔内使用的 3D 立体红外线摄像机。它不受外接光源影响，便可快速捕获种植体上扫描杆的三维空间位置，通过内置数据推出种植体的坐标信息，能够在短时间内快速实现非接触式一次定位。数字化取模让患者更容易接受，更安全，无异物感。非接触高速取模也能更好地应用在即刻修复上，避免了硅橡胶对伤口的影响，减少医生操作时间和患者就诊次数的同时，确保精准度，并消除了重大的硬件、人员和生产成本，这是唯一独立于操作员的保证了可预测和准确结果的技术。Tohme H 通过实验证实与传统的印模和口内扫描仪相比，口外扫描仪（PIC 系统）在真实性和精度方面具有最小的 3D 差异和全局角度偏差，其最低的误差和偏差幅度，低至 10μm。

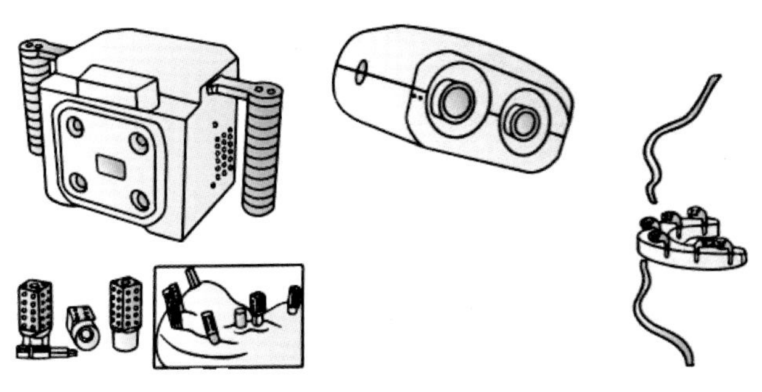

A. ICam 4D　　B. PIC

图 1-8-1　两种常用的种植桥架基台口内定位系统

二、使用与维护

（一）获取软组织信息

取出愈合基台，立即将扫描基台安装到种植体上，扫描基台的戴入可维持原软组织形态，然后使用口内扫描仪扫描，生成牙龈的 STL 数据。

（二）种植体位置测量

取下扫描基台，安装专用扫描体，将口外扫描仪缓慢地从患者一侧移动到另一侧进行摄影取像，通过摄影定位技术，精准测量每个扫描杆之间的空间位置关系，从而推算每个种植体的三维坐标。

（三）匹配数据

导出记录种植体位置数据的 STL 格式文件，可直接在牙科 CAD 软件内与软组织数据进行精准匹配，形成精确的数字化无牙颌种植印模。

（四）数字化设计

根据拟合数据直接完成上部修复，确保被动就位。

（五）更换扫描杆

扫描杆需定期更换，以确保它们始终满足必要的精度要求。

（六）扫描时机

术后即刻软组织部分肿胀且形态较差，若采用口外扫描，扫描精度和后期配准会受到影响。

（七）扫描标记

扫描数据保持一致，需要使用常见的位置测量标志物。提供这些匹配参考点的部件通常称为扫描标记：穿龈基台、愈合帽、扫描体和种植体平台。

第九节 口腔医用放大镜

一、简介

口腔医用放大镜适用于各种口腔常规检查和介入性操作，特别是观察肉眼易于疏漏的细节，如早期龋、牙体隐裂、肩台等。口腔放大镜可以使医生在检查和治疗过程中保持符合人体工程学的正确姿势，消除颈、背部疲劳，同时能够提高分辨率，减轻视觉疲劳，有效地提升诊疗效率和质量。其体积小、易携带、使用方便、价格便宜，在对放大倍数要求不高的环境下可替代口腔显微镜。

（一）结构

口腔医用放大镜（图 1-9-1）的主要结构包括：头箍或眼镜架、连接调整机构、双目镜筒等。

口腔医用放大镜按基体不同可分为额带式（头箍）和眼镜式（眼镜架）。额带式放大镜由于使用头箍结构，使放大镜整体重量均匀分布，减轻鼻梁及颈部压力，特别适用于承载较重的结构。眼镜式放大镜佩戴舒适美观、摘戴方便，其根据双目镜筒固定方式又可分为嵌入式（TTL）和翻转式。

嵌入式放大镜的双目镜筒穿过承载镜片（一般为眼镜片），因此瞳距不可调节，通常需根据特定使用者生理参数定制，专人专用。其轻巧卫生、使用便捷、视野大。翻转式放大镜的双目镜筒是以铰链形式固定在眼镜前端，瞳距可根据不同使用者调节，在不需要放大时还可以向上翻转，移出视野。但其力矩长，较笨重，视野相对较小。

此外，口腔医用放大镜通常可根据需要增加附件，如头灯（提供照明）和摄像模块（视频采集）。

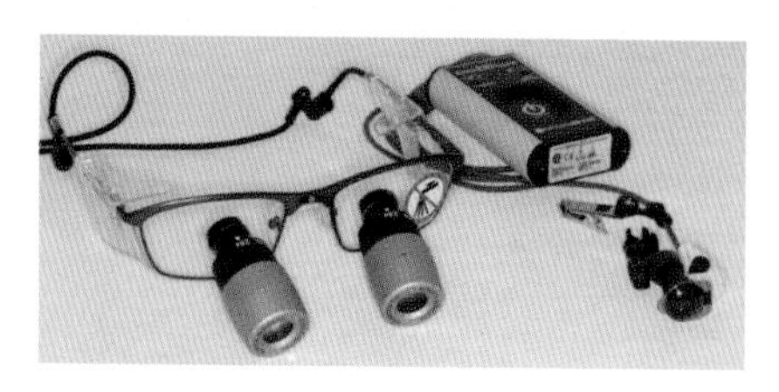

图 1-9-1　口腔医用放大镜

（二）工作原理

放大镜按原理分类

口腔医用放大镜根据光学原理可分为伽利略式和开普勒式（棱镜式），其工作原理如图 1-9-2 所示。

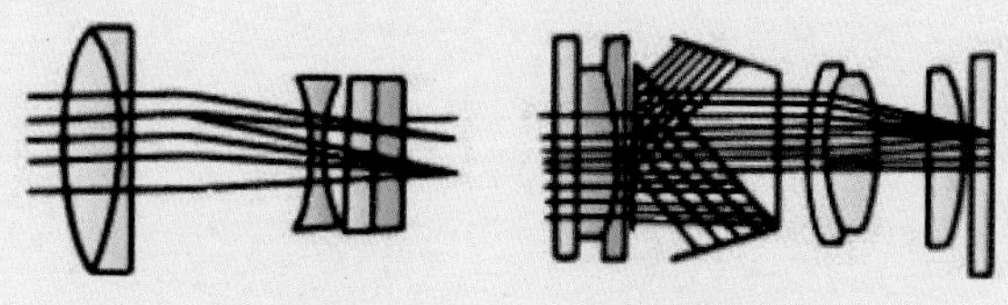

图 1-9-2　放大镜光学原理

伽利略式由正光焦度物镜和负光焦度目镜组成。其特点是成像清晰、结构简单、体积小巧、重量轻。但由于结构限制其放大倍率通常不高于 3.5 倍。

开普勒式由正光焦度物镜组、正光焦度目镜组、转折倒像棱镜组成。其结构较复杂，体积大，较笨重，但可以提供更高的放大倍数。

由于双目镜筒中不同的光路设计，口腔医用放大镜具有多种放大倍率，每种放大倍率还具有多种工作距离，以此来适应不同医生的操作习惯。放大倍率指提高影像大小的能力，放大倍率越大，细节越清晰，但视野和景深也会随之减小。因此，通常建议刚开始使用放大镜的医生选择较低倍率的放大镜，随着适应程度和使用经验的提升再选用较高倍率的放大镜。

工作距离是指使用者习惯和舒适的操作位置到眼睛的距离，具体数值因人而异。由于放大镜的景深通常较大，使用者实际的工作距离与产品标称的工作距离接近即可。

常见口腔医用放大镜不同的放大倍率、工作距离对应的视场直径参数可参考表 1–9–1。

表 1–9–1　常见口腔医用放大镜的视场直径参数

放大倍率	工作距离			
	340mm/13”	420mm/17”	460mm/18”	500mm/20”
2.0 ×	120mm/4.7”	140mm/5.5”	160mm/6.3”	180mm/7.1”
2.5 ×	60mm/2.4”	70mm/2.8”	80mm/3.1”	95mm/3.8”
3.0 ×	40mm/1.6”	46mm/1.8”	50mm/2.0”	54mm/2.1”

二、使用与维护

（一）产品选择

口腔医用放大镜的优劣很大程度上取决于其双目镜筒的光学质量，优质的放大镜通常使用进口光学玻璃，配合多层减反射膜来提高透光率、减少杂光，使全视场成像清晰，无变形扭曲。

此外，便捷可靠的镜筒位置及角度调节机构也相当重要，其可保证双目视野的完美融合，避免佩戴者产生头晕和视觉疲劳等不适症状。

头戴式检查灯是与头戴式放大镜连接的照明设备，佩戴后可作为视觉的辅助，用于照明口腔结构和治疗区域。

（二）翻转式放大镜使用

1. 操作者依据自己的瞳距将双目镜筒固定在两侧相应的位置（通常有睑距刻线）。

2. 佩戴放大镜后分别用单目观察，如果视野左右还不圆正，再分别微调镜筒到满意为止。

3. 将双目镜筒翻转到合适角度，如果视野上、下部位不圆正，再上、下翻动镜筒微调。

4. 调节完毕后的放大镜观察到的图像应能完全重合，且视野固正、无重影。

5. 当暂时不需要放大观察时，可通过铰链轴把放大镜向上翻转。

（三）嵌入式放大镜使用

由于根据特定使用者参数定制加工，此类放大镜通常无需调节，可直接佩戴使用。如果瞳距或眼点高低略有偏差，一般可通过鼻托进行微调。

（四）头戴式检查灯使用

1. 连接到嵌入式镜架（TTL） 用颚式夹具夹住安装座，再旋紧蝶形螺钉，从而将 LED 头灯固定到铰链装置上。

2. 连接到上翻转式镜架　将（固定到 LED 头灯装置上）接口放置到铰链上从而固定。

3. 使用随附的螺旋镜脚夹　将电缆固定到镜脚臂上，用罩夹加固电缆，使得不阻碍工作。

4. 使用 / 更换防固化过滤器　防固化过滤器适用于光固化的聚合物。当施用这些材料时，来自头灯的未过滤光能够导致该聚合物的过早固化。如果购买的头戴式检查灯随附有安装在头灯的防固化过滤器，仅需将防固化过滤器向下翻转就可滤光。

5. 头戴式检查灯一般有潜在的光学辐射，切勿凝视操作灯，避免损伤眼睛。

（五）定向力障碍

使用者可能产生定向力障碍，这取决于放大镜的放大率，是正常现象。有的专业人员一开始就全天使用放大镜，而有的则需要有一段磨合期。如果遇到困难，请逐渐地增加每日的使用时长。一般而言，这个磨合期持续不会超过 2~3 周。

（六）使用前

调整镜架水平、头带松紧度、鼻托高度、瞳孔距离、工作距离、俯视角、收敛角等，确定医生坐姿、操作姿势符合人体工程学。

（七）清洁

1. 外表面的清洁 可用干净的湿布进行擦拭，可用湿布蘸 50% 乙醇和 50% 蒸馏水的混合剂擦去污垢。不能使用具有腐蚀性或有打磨作用的清洁剂。

2. 光学镜片的清洁 在快速流动的自来水下方冲洗头戴式放大镜的镜架，以去除全部碎屑。用拭镜纸或脱脂棉花蘸少量 50% 乙醇和 50% 乙醚的混合剂将镜片轻轻擦拭干净（从中心螺旋形向外擦）。镜片上沾有灰尘，可用鼓气球吹去或用拂尘笔拂除。不得使用高压灭菌器、化学灭菌器、戊二醛、碘伏或任何其他灭菌方法，不得将其浸没入任何液体或超声波清洗器中，否则可能导致损坏。

3. 当放大镜上配有头灯、摄像模组等部件时 小心不要将液体渗透到其内部。可使用软拭巾或抹布蘸一些低浓度乙醇消毒剂或肥皂和水，擦拭表面消毒。

（八）保护眼睛

佩戴放大镜时不可直视太阳光或其他强光源，以免对视网膜造成伤害。

（九）维护

1. 不要用手或硬物触及光学镜片表面，切忌使用硬质物或不洁物擦拭镜片表面。

2. 非专业人员不要拆卸光学镜片，当医用放大镜需要维修时，请联系生产厂家。

3. 放大镜使用完毕应盖上镜头防尘盖，放回保护盒内，并置于干燥通风处。

4. 使用或储存头戴式检查灯时切勿弯曲电缆，以免导致其损坏。

5. 头戴式检查灯：不要将喷雾剂喷射在装置上，不要浸没在任何液体中，不要使用高压灭菌和化学灭菌器，不要使用戊二醛或碘清洁，不要使用乙醇浓度为 70% 以上的清洁剂清洁。

第十节 口腔显微镜

一、简介

口腔显微镜又称牙科显微镜，主要用于牙髓、根管的检查和治疗，可以清晰地观察到根管口的位置、根管内壁形态、根管内牙髓清除情况，进行根管的预备、充填、取出根管内折断器械以及根尖周手术等操作。

随着显微镜技术的发展，口腔显微镜在口腔牙周、口腔修复以及口腔种植等领域都已开始临床使用。口腔显微镜提供稳定的机械结构，便于设备的操作和使用，能灵活运动；光学系统通过无限远光学系统设计放大，使医生具有更加清晰的视野和分辨率；采用独立的照明系统，实现对手术操作过程的精准照明观察。口腔显微镜为医疗工作者在各种显微外科手术中提供一个更加宽阔的视野、更好的检查和治疗手段，有利于提高诊断水平和治疗精度，提高治疗效率和质量，使患者获得更好的治疗效果；改善医师诊断、治疗时的姿势，降低医生的劳动强度，保护医患健康。

（一）结构

口腔显微镜可分成四大系统：机械系统、观察系统、照明系统、显示系统。

1. 机械系统 高质量的口腔显微镜配有精密的机械系统，一般包括底座、支架、悬臂、横臂、镜头支架等。通过机械系统的精密配合，显微镜镜头可根据检查和治疗的需要在水平和垂直方向精确移动和翻转角度。高档显微镜的各个关节通常配有电磁锁，可以一键解锁和锁定整机位置，操作方便、可靠。

2. 观察系统 口腔显微镜中的观察系统实质上是一台可变倍双目体视显微镜。观察系统主要指显微镜镜头，是显微镜的核心部件，主要包括变倍系统、大物镜、分光器、双目镜筒及助手镜等。

（1）变倍系统可分为分级变倍和连续变倍两种。分级变倍通过旋转转鼓镜组来改变倍率，常见的转鼓镜组倍率从 0.4 倍到 2.4 倍分为五档，或从 0.3 倍到 3 倍分为六档。其结构紧凑，性能稳定，但切换倍率时会失去观察连续性。连续变倍通过光学变焦原理实现倍率的连续改变，变倍时视线不受阻挡，常见倍率为 0.4~2.4 倍，即变倍比通常为 1：6 左右。

（2）显微镜物镜可以实现微调焦或变焦，可通过变焦旋钮来调节对准焦距，以适应不同的手术工作距离。大物镜的焦距决定了工作距离，即镜头到工作面的距离。按焦距是否可调可分为固定焦距大物镜和变焦距大物镜两种。固定焦距大物镜通常为单组胶合镜片，焦距和工作距离都不能改变。但此类大物镜通常可根据不同需求便捷地更换，常用的固定焦距大物镜有 200mm、250mm、300mm、350mm、400mm 等。有些固定焦距大物镜通过镜座的微调焦装置可以小范围（通常 10mm 左右）改变工作距离，实现快速对焦，方便快捷。

变焦距大物镜结构复杂，可通过镜组间距的变化大范围改变焦距和工作距离，工作距离可从 190~300mm 或 250~400mm 连续可调。有些变焦距大物镜的调节范围还可以更大，但此时通常无法实现同轴照明，对根管深处的观察造成不良影响，而且无法和固定焦距大物镜互换。

（3）分光器可以把主镜的部分光线引导至需要的附件，如照相机、摄像机、助手镜等。常见的分光器按 50%~50% 或 70%~30% 分光，供主镜和附件使用。

（4）双目镜筒可分为定角度镜筒和可变角度镜筒。通常 0~190° 变角可调双目镜筒即可完全满足不同医生的不同观察需求。口腔显微镜通常配有 12.5 倍（或 10 倍）广角目镜，瞳距在 55~75mm 连续可调，并配有可调高度眼罩。

（5）助手镜又称第二观察镜，通常由分光器、连接器（如二维关节、三维关节、桥等）和双目镜筒组成。可供助手辅助操作，也可供其他人观摩学习。

3. 照明系统

（1）外置光源照明：外置光源照明是通过光纤束把外置光源箱中的光源发出的光线传导到主镜镜身，再通过物镜照亮工作面。其光源通常为氙灯、卤素灯或 LED。由于光源外置，维护检修较方便，照明亮度也比较均匀，但光能利用效率较低。

（2）内置光源照明：内置光源照明是将 LED 光源直接集成在主镜镜身内，通过聚光系统直接照亮工作面。由于避免了光纤的损耗，光能利用率很高，绿色环保，其色温和使用寿命均大大优于传统的卤素灯光源。需要注意的是，LED 光源的显色指数 Ra 通常要求大于 85 才能够满足观察要求，如果此参数较低，会造成颜色失真。

（3）滤光片：显微镜头部设置有橙色、绿色、大孔、小孔四档滤光切换，根据用户需要，可以调节滤光切换旋钮来进行切换四种不同的照明光斑。同时，旋转调光旋钮可以无极调节照明光斑的亮度变化。绿色滤光片适合在大量出血时使用，橙色滤光片可用于避免充填物过快硬化。

4. 显示系统

（1）内置式显示系统：内置式体积小，集成在镜身内，不影响医师的操作。高档的内置式摄像系统不仅采用高清电荷耦合器件（CCD），还集成有高清显示器或者无线传输模块，避免了繁琐的外部走线，安全可靠。

（2）外置式显示系统：外置式需通过分光器连接，体积较大，但可以自主选配各类摄像器材。摄像系统采集的视频可实时地在显示器上显示，供多人同时观察手术情况，可用于教学、科研及临床会诊等。

高档的口腔显微镜还配有影像工作站，除了视频的实时显示，还提供视频剪辑、截图、储存、查询、分类等各种便捷功能。

（二）工作原理

口腔显微镜工作原理主要是光学原理，手术面位于物镜的焦面上，照明系统的光线照亮手术面，手术面的反射光通过物镜进入变倍系统；变倍系统属于一组可以放大和缩小的光学系统，使手术面的图像放大或缩小；从变倍系统射出的光线进入转向系统，使观察者可以获得不同的观察角度；目镜具有较大的放大倍率；医生通过目镜就可以观察到清晰放大的手术图像，观察病灶组织，锁定镜头，确定细节，完成具有难度的手术治疗或检查。

二、使用与维护

（一）产品选择

根据不同的安装需求，口腔显微镜通常可分为落地式、壁挂式（图 1-10-1）、悬吊式和桌面夹持式。落地式可以根据需要随时移动，安装方便，通用性强。其通过底座和立柱支撑整个显微镜系统。底座上有配重铁、移动轮和制动装置。配重铁加强显微镜的稳定性以防止翻倒，移动轮便于显微镜整体位置的调整，位置固定后可使用制动装置防止位置移动。

悬吊式和壁挂式类似，可以最大限度地节约地面空间，同时避免地面复杂的走线，保证手术安全性。桌面夹持式通常用于试验和培训，一般不用于临床。

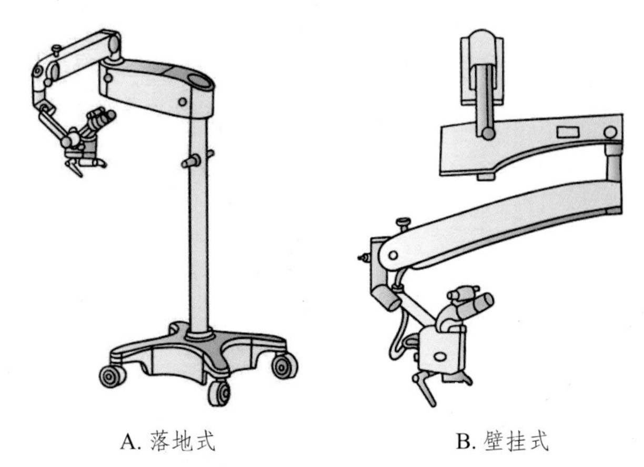

图 1-10-1　落地式、壁挂式口腔显微镜示意图

（二）使用前检查

检查所有的电缆是否正确、可靠连接。开机测试各项功能是否正常。光源亮度调整手钮应置于最小位置。不要用手指或坚硬物体接触镜头表面。

（三）U 盘使用

U 盘使用前，需要格式化，改成 NTFS 格式，保存为 TIFF 图像比 JPEG 格式需要更多存储空间，文件将会以无损的形式保存。使用 JPEG 格式，文件将会被压缩并有轻微的数据损失。不要将 U 盘作为记录介质，如果 U 盘中包含大量图像资料，将会增加其被侦测的时间。按照一般规则排列待备份的患者和图像资料。确定在读写过程完成之前不要拔出 U 盘。

（四）移动设备

松开移动轮刹车，收拢各节横臂，并锁紧，推至牙科椅边。移动时必须使用显微镜的推动手柄，不能将显微镜主体或观察镜等附加装置当推动手柄。推动时要慢而稳，避免碰撞。推至牙科椅边后，重新锁紧移动轮。

（五）粗调节

连接电源打开开关。调光旋钮调节亮度。

1. 瞳距调节　根据用户需要调节，前期调试建议亮度调置偏暗以免眼睛疲劳。

2. 根据手术面距离，粗调显微镜高低　适度松开所有的锁紧旋，确保使用时镜头稳定，根据手术面位置粗调显微镜距离，高度约为 25cm，使手术面大致在视野范围内，通过目镜能粗略看见手术面物像。粗调后，将所有锁紧手钮固定紧，固定初调焦距后的旋臂，防止手术中旋臂移动。

3. 调整光源时应从最小的亮度开始缓慢增加到需要的亮度，通常不要调至最亮。

（六）精确调节

1. 瞳距调节　首先保证左右眼分别能观察物像，再微调瞳距旋钮，使得两个目镜中的图像（物体和观察视野的边缘）重合成一个。

2. 屈光度调节（使用者忘记佩戴眼镜时使用）　在调节步骤和后续显微镜的工作中，请不要佩戴任何双焦距或渐变透镜。这些镜头可能造成无法正确设置屈光度并导致成像不令人满意。

3. 倍率调节　倍率置到最小，观察成像清晰度，左眼或右眼分别观察光路中物面成像，判断是否需要调整目镜。将倍率调置最大，再次观察物像。保证不同倍率下物像均能清晰。

4. 焦距调节　保证基本能看到物像时，手动调焦使成像达到完全清晰。倍率调节时，微调焦距旋钮调整清晰度，调焦旋钮只能起到微调作用。务必保证与患者的安全距离。

5. 精确调节图像　将倍率调到最小，反复观察成像，重复步骤，反复几次调节，观察目镜时保证合适的观察视距。

6. 视频系统调节　显示屏不清晰时，调试视频调焦调节，物像调节步骤同上，最好选用 1080p 显示器，显示可单独调节，按下拍摄键即可拍照，长按拍摄键录像（录像只能将 U

盘插入电脑查看)。

7. 调整好后，原则上不需要再调整，但实际上由于手术部位的局部变动，显微镜需要做相应的微调。此时，应在无菌条件下进行操作，最好的方法是使用专供手术显微镜使用的一次性无菌透明塑料薄膜套或硅胶消毒套，以便医生在无菌状态下调节。

(七)储存用户个性化数据

为了能快速设置手术显微镜，建议存储各个用户的瞳距和预设值以便他们可以很容易在系统准备期间预设这些数值。首次使用时，对具有多个倍率(多个焦距)的手术显微镜的使用不同于定焦距手术显微镜的使用。使用者在使用前应先作如下操作：操作者先根据个人的瞳距和屈光度把目镜调好，再把显微镜倍率置于最大倍率位置，用左眼或右眼观察一光路中物面所成之像，手动调焦使成像到最清晰，然后将倍率调到最小倍率位置，如成像不清晰，调整目镜，使成像清晰；再把倍率调到最大倍率位置，此时如像不清晰，再手动调焦使成像清晰，再变倍到最小倍率，如不清晰，再调整目镜使成像清晰，如此反复 2~3 次，直到在高倍至低倍全部清晰为止，然后调节另一目镜，使另一只眼也使成像清晰，此时使用者应记住该位置的两个目镜的视度，以后再使用时，只要把目镜视度调到这一位置，而不必再像上述那样反复调整。

(八)冷却故障

在冷却的时候，氙灯灯泡可能由于其较高的内部压力而发生快速破裂。而灼热的灯泡则由于更高的压力和使用的材料产生更大的危险。如果灯泡发生破裂，人员可能由于飞溅的玻璃碎片而受伤。所以灯泡模块只能由专业人员进行更换，只能在灯泡模块处于冷却的时候更换，同时避免晃动灯泡模块。

(九)使用后

亮度旋钮务必恢复到最小位置。仪器使用后，关掉开关，切断所有电源。盖上物镜和目镜盖与仪器防尘罩。

（十）灼伤风险

如果在照明光源打开时显微镜意外指向患者，则患者可能由于产生的过高热量而被灼伤。当放大倍率增大时，镜下视野变小，但镜下视野以外的照明有可能会导致组织灼伤。在相同的照明设置下，一般显微镜缩短工作距离有可能会造成灼伤。同时应当考虑到身体的有些区域可能对光线更加敏感。某些外科手术区域，局部收缩药物和伤口遮挡物也可能导致灼伤的风险增加（遮挡物可能由于其颜色和潮湿程度不同而吸收不同的热量）。

（十一）降低灼伤风险的方法

1. 将外科手术区域的亮度和照明持续时间降到绝对最低以防止灼伤。

2. 灼伤的风险还会随着向照明区域喷洒液体并保持湿润的方式降低。

3. 在使用患者围帘时，应当让其保持湿润以防止热量在围帘下的累积。

4. 在不使用显微镜的时候将照明关闭，并保证不将其对准未受保护的裸露皮肤。

5. 外围区域的灼伤可以通过在这些区域敷设潮湿的无菌纱布来避免，纱布必须蘸湿以防止变干或被加热，切口区域经常冲洗。

（十二）存在偏差

动态视频图像和记录的视频序列，视频剪辑（剪辑过的序列）和单张图像都不能用于诊断目的。观察到的图像可能存在形状、对比度和色彩的偏差。

（十三）照明强度变化

氙灯寿命通常为 500 小时，卤素灯泡寿命通常为 50 小时。随着光源的老化，某些设置下的照明强度将会降低。如果更换了灯泡，照明强度将会再次变成较高的原始数值。在每次使用之前，需要确定可以获得足够的照明强度或者有备用光源（例如手术灯泡）。LED 照明光源具有集成的故障概念。如果 LED 照明光源发生故障，照明强度会降 50%。

（十四）亮度不足影响

如果亮度设置不足，亮度控制功能将受到限制，并且视频图像也会太暗。这时可增加外科手术区域的亮度直到有足够的光线。视频图像的亮度变化不会影响白平衡。但是较暗的图像区域通常会显示为苍白的颜色。

（十五）曝光

通常将期望的数值设定在 50% 到 70% 之间就能提供最佳的曝光结果。更大的曝光时间更容易导致运动产生的模糊。全幅——曝光度在整个视频图像中测量。对于整个外科手术区域均需照亮的情形，推荐使用该测量模式。大—曝光度在图像的中央区域测量。如果外科手术区域的边缘呈椭圆形（照明区域直径减小）时，使用这种测量模式较为理想。小—曝光度在图像中心非常小的区域测量。当照明区域的直径很小时，推荐使用这种测量模式。但是，如果感兴趣的目标没有位于图像中心，微小的设定通常不会提供期望的曝光结果。这时，可选择较大区域（中等或较大）或使用手动曝光模式。

（十六）饱和度

色彩饱和度设置为 ±0 通常就可以提供最佳的色彩感知。色彩饱和度设置对于较饱满（鲜艳）的色彩效果较好，对于较低饱和度的色彩效果较差。

（十七）色温

灯泡的色温存在差别。这样会导致治疗 / 手术区域的色彩感知发生变化。氙灯产生类似于自然日光的全光谱光线。除了亮度设置，光线的色温始终保持不变。

（十八）保护医生眼睛

由于光辐射对于眼睛造成伤害，通过镜筒、物镜或目镜直接看向光源可能造成眼睛受伤。

（十九）保护患者眼睛

在面部区域的手术过程中，请务必保护患者的眼睛，防止光线进入。

（二十）光晕

由于显微镜镜体可以最大程度地侧向倾斜并可获得高放大倍数，可能会在视野区域出现轻微的光晕。

（二十一）内镜

内镜端口始终产生无穷远处的图像，由于这一原因，外置内镜摄像头的焦距必须设置为无穷远。将内镜摄像头的焦距设置为无穷远的方法与摄像头相关，且由于使用不同类型的摄像头而不同。显微镜设置，例如目镜的焦距不会影响内镜端口。

（二十二）清晰度调节

目镜和记录系统光学接口（摄像头、视频）中最佳图像清晰度只能通过仔细调焦和精确调节双目镜筒来实现。

（二十三）应急照明

如果备用灯泡发生故障且无法更换的话，可使用外部手术室照明灯继续手术。

（二十四）负载

超过悬臂最大负载将损坏仪器；过小平衡力将破坏手术镜头部平衡，不慎操作可能造成事故；过大平衡力操作手感不舒服。

第十一节 电子面弓

一、简介

电子面弓又称下颌运动轨迹描记仪/下颌运动记录仪，是为了便于研究下颌运动的一种计算机化的测量设备，用以高精度记录分析咬合状态，记录下颌运动范围、方向及速度，还可以由图像直观显示，辅助医生诊断和设计治疗方案，将所记录的计算机数据导入义齿设计软件的虚拟𬌗架模块，能够进行全程下颌运动模拟、指导修复体的虚拟调𬌗，牙科技师还可以利用测量和记录的数据调试𬌗架，准确无误地制作出符合动态咬合的修复体效果。这样可有效地减少医生在患者口腔内调整咬合的时间。在功能评估中，可以分析和记录下颌运动及肌肉状态，能够在这种情况下确定神经肌肉下颌的关系。通过髁端的位置分析比较不同的咬合位置，从而可以提供关节可能疼痛的迹象参考。部分产品可以通过在关节区域放置高灵敏度的噪声麦克风和对不同肌肉群（如颞前肌和咬肌）进行功能测试来分析关节声音。目前常用的电子面弓主要由 KaVo、Zberis、Bioresearch、SAM 几大公司生产，已应用于口腔多学科领域中，有助于平衡咬合系统，恢复咀嚼系统肌功能，协调颞下颌关节运动，减少颞下颌关节的代偿。在口腔种植修复中，使用下颌运动轨迹描述仪（图 1-11-1）获取无牙颌人群的颌位关系，与传统颌位关系记录进行比较，是一种更为简便、直观的方法。

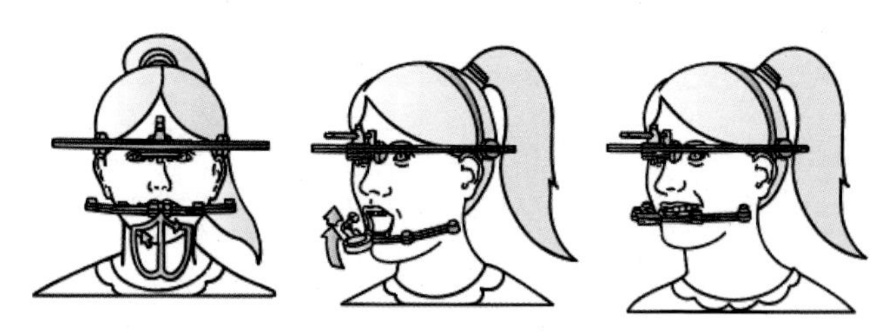

图 1-11-1　下颌运动轨迹描记仪使用方法

电子面弓历史可追溯至1896年，自 1953 年起开始电子化，至 20 世纪 80 年代起逐渐数字化。依据工作原理的不同，可以分为以下四类。

（一）基于压电感应描记

此类电子面弓基本构架与机械式面弓类似，但克服了机械描记的不足，由压电感应装置代替描记装置，不影响咬合关系，且下颌运动不受描记针板制约：电子描记板固定于上面弓体；描记针通过下面弓体与个性化殆叉连接，粘接于下颌牙齿唇颊侧。下颌运动的采集通过记录描记针与电子描记板间的相对滑动及转动完成。

由于是接触式描记，此类运动面弓可以通过观察描记针在小范围开口过程中的运动，机械性获得个性化饺链轴位置。通过配套软件在横断面、矢状面及冠状面三维方向上将双侧铰链轴点运动路径数据的处理再现，可以在一定程度上反映关节内部结构的运动情况，并计算下颌运动的个性化参数，用以咬合分析诊断或虚拟殆架参数的设定。

（二）基于超声感应描记

此类电子面弓属于非接触式，即下面弓体仅与下颌牙列通过殆叉相连接，不直接接触上面弓体。运动数据的采集是通过对上、下面弓体内超声感应原件的相对运动的计算获得。此类电子面弓同样可以获得三维方向上的个性化下颌运动数据及殆架设定所需的参数，还可配套肌电检查获得肌电图数据。非接触式的设计一定程度上减轻了仪器本身的重量、简化了操作步骤，但有时需要反复测量选取可重复性高的结果。

最早研发超声感应非接触式运动面弓的是 Zebirs 公司，其产品为 Jaw Motion Analyzer（JMA）。相对被国内医师更为熟知的 ARCUSdigma l（KaVo，Biberach，Germany）和 Axioquick Recorder（SAM，Munich，Germany），目前 SICAT-JMT+° 系统（SICAT，Sirona，Germany）以及 Plane AnalyserR（Zirkonzahn，Germany）均是与 Zebirs 公司合作，采用 JMA 的机械设计并以其软件设计为原型与本品牌的虚拟殆架软件进行整合的。

（三）基于光电感应描记

光电感应式系统是使用光信号接收装置记录位于患者上颌

和下颌的发光二极管位置，光电转换装置依据二极管的位置信号生成图像，并将图像坐标输入计算机，通过计算机将记录所得的坐标点转换成下颌运动轨迹数据，实时记录标记的软硬组织，用于三维重建患者的髁突及下颌运动。在很大程度上减小了测量误差。数种精度验证试验表明：所有牙齿和两侧髁突在静息状态时的精度为 0.19~0.34mm。

采用光学原理记录下颌运动的系统还包括 MODJAW。它是将定位装置（𬌗叉）固定于患者下颌，然后通过高清光学相机捕捉其运动轨迹，支持输出咬合运动数据至义齿设计软件中。

此类电子面弓也属于非接触式设计，同样具有自重轻、操作流程简单的特点。但由于下颌运动数据的接收通过光电感应完成，需要额外配套光电发生装置使用。

（四）基于磁电感应描记

Jankelson 于 1975 年发明的下颌运动实时记录系统是利用磁电量转换原理来记录下颌骨在三维空间中的具体位置，将磁场源固定于下颌，磁敏元件固定于头颅。当下颌运动时，二者之间的相对位置发生变化，产生微量磁场变化，经磁敏传感器将磁场变化信号转化为电信号，通过导线送至示波器，放大显示在屏幕上，表明下颌运动时切点的运动轨迹情况。该系统具有体积小、重量轻以及操作步骤简单等优点，对患者的个性化下颌运动干扰较小；并且还能与计算机、肌电图及肌松弛仪等同步相连，达到对关节、咬合及咀嚼肌等系统的检测及诊断，从而利于全面了解患者状况进而制定最合理的治疗方案。

各类系统（包括经验面弓及机械𬌗架）的总结比较见表 1-11-1。

表 1-11-1　各类系统（包括经验面弓及机械殆架）的总结比较

系统名称	类别	特征与特色
Girrbach 面弓、全可调殆架	经验面弓、机械殆架	（1）要求（同一系统中的）面弓与殆架联合使用，操作步骤较多 （2）咬合关系信息记录较为受限，较难实现记录咬合运动中每一时刻的咬合关系 （3）可供直观地在实体上检查咬合关系 / 调磨修复体；但是不能直接将咬合关系数据转移至牙科 CAD 软件中（需要通过扫描才能将其转移至CAD软件中）
运动面弓（由 McCollum 于 1921 年研制成功，后不断有学者对其描记方法进行改进）	机械式运动面弓	（1）设备组件复杂 （2）依靠描记针在夹板上画出髁突 / 切点 / 其他点的运动轨迹（每次只能画 1 个截面的运动轨迹）
SICAT 系统	超声感应	（1）可获取患者咬合运动过程中每一时间点的咬合关系 （2）可实现咬合运动数据与 CBCT、口内扫描等数据叠加；但是对于下颌牙冠过短、覆殆过大以及牙列缺失患者的咬合关系记录仍存在困难 （3）头戴上部面弓，可抵消患者头颅的动度；同时不受环境光的干扰

续表

系统名称	类别	特征与特色
3 Shape 口内扫描仪（TRIOS Patient Specific Motion 应用程序）	光电感应	（1）通过口内扫描仪对牙列扫描完成后，直接扫描记录得到咬合关系 （2）受限于口内环境及扫描头的成像范围，导致对咬合信息记录的范围及准确度方面较难得到保证
下颌运动描记仪（MKG）（由 Jankelson 于 1975 年研制）	磁电式	该系统类似于超声感应式，能从矢状面、冠状面和水平面观测下颌中切牙切点运动轨迹，但容易受外界微磁场或电磁场环境干扰

二、使用与维护

（一）驱动程序

在使用多台摄像机时，驱动程序的安装通常不需要重新进行。如果在程序中显示摄像头出现问题，请再次进行驱动安装，以确保摄像头的正常使用。

（二）环境

对于采用光学原理的设备，在使用过程中，应背对阳光或拉上窗户避免阳光直射或强烈灯光照射。超声发射器和接收器之间的眼镜、耳环或头发会影响测量或阻止测量。为了避免发生相互故障，两个基于超声感应描记的系统不应该在同一房间或在其他超声发射装置（例如超声波清洁器）附近操作，因为这可能导致测量值不准确。

（三）放置上颌传感器

上颌传感器稳定放置在患者头部，上颌传感器的头带和鼻托需要与人员的头部和鼻子紧密贴合固定，但不要拉伸鼻部的皮肤。将头部后部的松紧带拉伸，确保人员感觉舒适，同时上颌传感器稳定。

（四）粘接下颌叉

下颌叉粘接标准，对测量过程中咬合无干扰，不晃动。刚开始操作面弓粘接下颌叉时，可在患者石膏模型上完成下颌叉粘接后再放入患者口内试戴（石膏模型需涂凡士林避免与临时冠材料粘接），由于临时冠材料没有粘接力，在粘接下颌叉材料未干时避免去移动颌叉，防止造成后期颌叉粘接不牢、晃动等现象发生。颌叉粘接后用手术刀修整边缘高度，确保放在患者口内能清楚看到与牙齿固位良好。戴入殆叉后确保装置无任何动度歪斜，受试者能够自如进行正常的咬合运动，不会出现阻挡等任何干扰运动现象。

（五）佩戴角度

佩戴设备时，应如图 1-11-2a 所示上颌接收器及下颌传感器保持合适角度及距离，避免如图 1-11-2b 所示，影响设备接收效果。

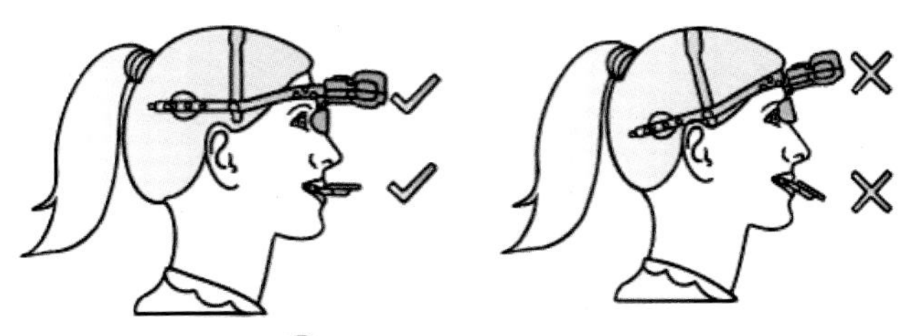

图 1-11-2　设备佩戴方法

（六）确定上颌的位置

首先向上殆叉内充入咬合记录材料，放置在被测人员上牙列处。材料变硬后，扫描上颌与上殆叉的相对位置关系，以匹配扫描数据和运动数据。在对被测人员进行测量的操作中，步骤如下：通过上殆叉定位上颌参考，首先将上殆叉放置在人员的上颌位置（记录材料固化，重现上颌位置），然后将下颌传感器放置在上𬌗叉上，点击记录。现在这个位置会被记录。拆卸上𬌗叉之后，将下颌传感器设置在T型下𬌗叉附件上，并记录习惯性咬合的下颌位置。请确保T型下𬌗叉附件稳定固定在下颌。按照运动顺序测量完成之后。可呈现三维运动同时导出XML运动数据。

（七）引导患者

患者的配合很重要，要提前引导患者做出相对应的规范动作。在戴入𬌗叉之前，需椅旁指导患者进行下颌运动并反复练习。记录运动轨迹时，确保运动前后患者咬合稳定。

（八）颌位关系模块基本理论

颌位关系专业名词定义见表1-11-2。

表1-11-2　颌位关系专业名词定义

专业名词	定义
后退位置	从牙尖交错位下颌可以向后移动约1mm，此时前牙不接触，只有后牙牙尖斜面部分接触，髁突在下颌窝中的位置是下颌的生理最后位，不能再向后退，从此位置下颌可以做侧向运动和单纯铰链运动
目标位置	目标位置是下颌多次咬合运动记录的咬合点。确定咬合点（MCP肌肉接触位）在目标位置
哥特式弓	通过显示运动三角箭头，可以记录箭头角度和位置，从而定义稳定关系位
目标位置和哥特式弓	可以在一个订单下记录这两种方法，也可以使用不同的记录方法
手动校正	哥特式弓三角箭头和多次重叠的点可以单独移动。这个点也称为目标位置，可以使用鼠标左键改变其位置
导航定位	确定目标位置之后，绿点呈现。可以通过反馈移动点在屏幕上滑动，引导被测人员寻找目标位置。直到看到十字光标与目标位置重叠，这时会发出连续的声音信号。当下颌接近目标位置时，信号声音变化为更高的音调和更快的频率

续表

专业名词	定义
咬合控制	当光标移动到目标位置后，可以使用预先准备好的咬合记录材料放入口中，之后重新移动到相同的目标位置，就可以进行咬合控制记录。一旦咬合材料固化，就可以从口中取出，使其成为带有印痕的咬合记录
习惯位置	记录参考点配置中可修改，获取下颌咬合接触点。使用平导附件，必须消除下颌咬合接触。可以通过使用辅助工具（如夹具或限定器）来实现

（九）基于口扫数据、CBCT 数据的直接匹配

随着 CBCT 的逐渐普及和其三维重建精度的提高，下颌运动数据不仅仅局限用于匹配虚拟殆架、模拟动态接触情况，更可以通过特殊殆叉直接将口扫数据、重建上下颌骨模型数据以及下颌运动数据匹配起来，创建“真实”的虚拟患者，并通过软件计算再现牙列任意一点的实时运动情况。将获得的下颌运动数据文件导入 CAD 软件，就可以在设计阶段对殆面形态进行个性化的调整。

（十）髁突轨迹描记

髁突运动轨迹是下颌运动研究的重要临床对象，髁突运动因受到关节盘位置、肌肉收缩状态以及咬合接触等多重因素影响，其运动状态与下颌整体运动状态并不完全相同，两侧髁突运动也往往存在差异。数字化下颌运动轨迹描记仪可以自动记录髁突运动轨迹并全程动态复现髁突运动过程。

举例：左侧关节盘可复性移位。图 1-11-3 是描记仪采集的髁突（红、绿色各自代表左、右侧髁突运动中心）在矢状面、水平面（以及冠状面）上的投影运动轨迹，能够直观比较分析两组轨迹对称性、平滑程度、幅度大小等特征，帮助判定髁突运动功能是否存在异常；图 1-11-4 是数字化系统自动记录的双侧髁突运动过程视频，显示该患者在开口初期髁突运动轨迹

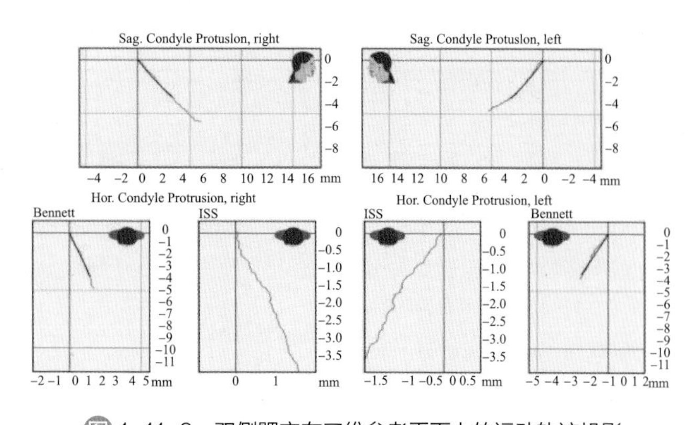

图 1-11-3 双侧髁突在三维参考平面上的运动轨迹投影

红、绿色各自代表左、右侧髁突运动中心（矢状面、水平面）

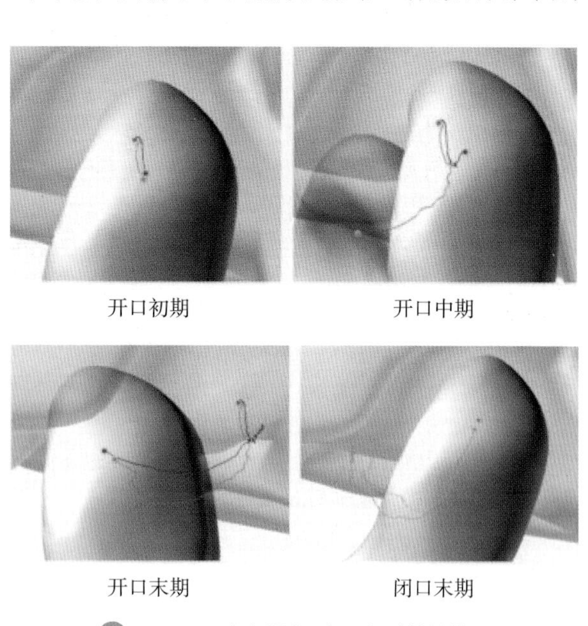

图 1-11-4 患者髁突开闭口运动轨迹描记

正常，但到达开口中期时左右髁突运动轨迹突然显示截然相反的异常运动轨迹，随后继续运动至开口末期时双侧髁突又同时到达了最大开口位，患者闭口回到牙尖交错位过程中双侧髁突未见运动轨迹异常。上述数字化检查结果以直观形式量化揭示了患者个体化髁突运动的时相性特征，相较传统临床观察有无关节弹响、是否偏口型以及关节区不适等检查手段，数字化下颌运动轨迹描记更易于发现髁突运动中存在的异常。

（十一）切点运动轨迹描记

切点运动轨迹描记是下颌运动研究中人们最早关注的临床对象，也是目前临床最常用的口颌系统功能评价指标之一。国内市场在售的下颌运动轨迹描记仪基本都是基于超声波技术记录切点运动信息，一般将微型超声波发生器通过金属𬌗叉固定于下前牙唇侧，使用头戴式超声波接收器固定于患者额部捕获信号，根据多普勒效应原理计算出信号源的空间位移和移动速度。这种描记方式优点是工作时不会影响上下牙列正常的咬合关系，因而能在近似生理状态下记录切点真实运动轨迹，相比传统机械接触式描记方法更加准确。

（十二）记录快速运动

为了记录快速运动，同时使用单独的光源，设置“曝光”到最小的可能值。使用“增益”控制器使图像变亮。

（十三）铰链轴

铰链轴反映上下颌相对于双侧颞下颌关节的空间位置关系，该概念最早由 McCollum（1921 年）提出，临床描记之前一般需先找到患者个体化铰链轴的准确位置，然后将其转移到实物 / 虚拟𬌗架上。大量临床研究已表明机械式铰链轴记录和转移方法具有良好的可重复性，但转移至𬌗架上的信息与患者真实情况存在一定差异。数字化下颌运动轨迹描记仪可通过计算机控制的描记针进行自动试错并寻找到真实铰链轴的位置，因而相比传统机械式描记仪的结果更加精准，但单纯根据描计针的运动轨迹无法判定下颌究竟是单纯原地转动还是伴有一定程度滑动的转动。因此，近年来最新推出的数字化下颌运动轨迹描记仪彻底改变了以往追求精确描记患者铰链轴位置的方法，取而代之的是为每位患者建立口颌系统相对坐标系的方法：即采用双侧耳塞替代寻找患者真实的铰链轴点，采用配准上颌咬合板确立上颌牙𬌗模型相对于双侧耳道点的三维空间坐标，采用下颌运动𬌗叉实时描记各种下颌运动过程中实时轨迹信息。

（十四）颌位关系的制取

有直接法和间接法两种，直接法仅通过数字化技术转移，不借助实体𬌗架。两种方法之间存在 0.752mm 的平均偏差，间接法的平均正确度为 0.55mm ± 0.31mm，最大差异为 1.02mm，相比之下，使用间接法获取数字化颌位关系更加准确。但需要注意的是，间接法中面弓不能准确转移上颌咬合平面在矢状面和冠状面的位置，因此临床医生应注意不同面弓系统的转移结果与口内的差异，并进行相应调整补偿。

（十五）检查轨迹

测量后需查看轨迹，判断轨迹起始位置是否符合标准，以及轨迹有无明显抖动；若有，则需再判断是患者本身轨迹抖动还是由于测量过程紧张等情况导致。

（十六）平导盘

平导盘的作用在于分开后牙咬合以及做“哥特式弓”时，患者根据平导盘做前伸运动，因此，平导盘放置在患者上颌前牙腭侧，与下颌牙齿接触面需平整光滑，且后牙无干扰。

（十七）非全程数字化

电子面弓可用于诊断分析，若应用于数字化修复需与虚拟或机械𬌗架配合使用。目前市场上大多数数字化下颌轨迹描记仪产品尚未能实现设备操作的“全程数字化”，记录后仍需要通过实物或虚拟𬌗架进行铰链轴转移，导致髁突、切点等诸多参数信息也无法直接用于后续临床数字化治疗设计（例如义齿设计、隐形矫治等）。

（十八）数据整合

数字化下颌运动轨迹记录方法获得的信息诸如髁导斜度、切导斜度、髁突位移等数据，仅各自从不同角度反映了口颌系统部分结构（髁突、切点）的动态信息，而要从整体上全面了解下颌运动情况还需要综合患者颌骨形态、咬合接触、肌肉功能等其他重要信息，因此有必要将口颌系统不同临床检查获得的多源数据进行一体化融合，帮助人们提升对于口颌系统功能运动的整体认知水平。

（十九）选择测量次数

记录牙齿引导与关节引导可根据需要增加运动次，根据需要可增加发音运动或数字运动（对于制作前牙美学修复可设置发 s/f 运动）。

（二十）数据转移

为了将数据转移到不同的殆架系统，通过计算的方法将测量值调整到对应的参考平面上。当通过解剖参照点获取数据时，将考虑到这一点。将运动数据传输到 CAD/CAM 接口时，需要通过上颌叉记录上颌位置，并在通常咬合状态时进行咬合定位，确定下颌位置。只有确保这样的测量步骤，才能保证在以后处理数据时，CAD/CAM 系统能够正常地再现下颌对上颌的位置参考。

（二十一）特别注意

下颌叉附件上面的下颌传感器一般带有强磁铁，在特别情况下，短距离内（小于 15 厘米）这些磁铁会对某些植入心脏起搏器和除颤器的功能产生负面影响。因此，下颌传感器不应用于电子植入人员上。设备包含一个蓝牙发射机作为 PC 接口。虽然到目前为止还没有证据表明蓝牙发射器可能干扰心脏起搏器 / 除颤器，但不建议用于电子植入的人员，它与人员胸腔的安全距离至少保持在 15 厘米以上。

（二十二）检查功能

在测量过程中，可以通过聆听每个传感器是否发出有规律的声波来检查下颌传感器的超声波发送器是否正常工作。为了检查系统，如果有已知的下颌功能测量数据（例如已知的最大开口宽度、已知的髁端运动范围、已知的水平导向倾斜度），用户可以使用主机测量自己。这些测量结果应与已知值一致。

（二十三）其他下颌运动记录方法

3 Shape 口内扫描仪器（TRIOS Patient Specific Motion 应用程序）：在此类系统中，通过相关的扫描仪直接记录患者上下牙列的相对运动，能够使得患者的上下颌相对运动于屏幕上重现。同时此种方式一般仅是记录患者上下牙列部分的相对运动，无法直接获得髁突的运动情况，所以必须将上下颌牙列模型与患者 CBCT 数据整合，从而获得髁突的具体运动情况来辅助临床分析诊断。另外，普兰梅卡（PLANMECA）公司的“Planmeca 4DTM Jaw Motion”系统是：ProMax® 3D Mid 与 3D Max 两款口腔 CT 机能够利用内置的 Planmeca ProFace® 相机对穿戴有专业追踪设备患者的下颌运动（上颌为参照系）进行捕捉，从而具备了“4D 咬合追踪”功能；同时还能通过内置相机拍摄 3D 面部照片，使得患者的 CT 数据与牙列及面部数据的叠加更为便捷。

（二十四）维护

1. 组装好设备后再启动电源。

2. 灭菌前，用中等强度的牙刷在流水（饮用水质量，30℃ +5℃，流速 2L/min）下手动清洁配件部件 30 秒，清洁后立即完成灭菌。

3. 传感器比较敏感，宜轻拿轻放，并放入专用盒。

4. 只有在关闭系统并拔下充电器或 USB 电缆时，才能清洁主机和电气配件（头部定位器、下颌传感器、红外遥控器、脚踏开关）。禁止喷雾消毒，喷雾消毒会破坏设备的高精度测量传感器。

5. 可以使用合适的溶液对主机的电气部件进行擦拭消毒。

使用消毒液沾湿的布对所有电气元件（头部定位器、下颌传感器、脚踏板、红外遥控器）进行消毒。

6. 推荐的消毒剂成分约 25% 乙醇、35% 丙醇。

7. 与人员接触的所有附件必须在使用前进行消毒。殆叉可进行高温消毒。使用分级预真空在 134℃和 0.25MPa 下消毒下颌殆叉和快速咬合适配器 4 分钟（可以消毒至最高 138℃）。

第十二节 虚拟殆架

一、简介

虚拟殆架即计算机数字化殆架，是计算机技术与殆学相结合的产物。在计算机辅助设计过程中应用虚拟殆架，最大的优点在于可将口颌系统完整的情况转化为精准的实时图像和数据，包括口内和机械殆架上观察不到的细节，从而实现模拟特征性的下颌运动，并可从任意角度、断层显示且模拟人工牙列的动、静态的咬合接触。传统机械殆架根据其结构和功能及其对重现人体口颌结构及运动位置关系的程度不同，可分为简单殆架、半可调式殆架和全可调殆架 3 种。而虚拟殆架根据其模拟对象不同可分为两种类型。

（一）模拟机械殆架的虚拟殆架

这种类型的虚拟殆架根据其原理又分为两种，第一种是将患者的石膏模型上殆架后再进行扫描分析。一些学者利用三维坐标测量系统获得殆架的三维运动轨迹，从而大致重现了机械殆架的运动特征，并可实现自动调殆的功能。而为改进机械接触测量易导致的殆架运动轨迹偏差，有学者采用了非接触式光学定位跟踪系统来获取牙列咬合运动轨迹，从而将误差进一步降低。尽管这类殆架可以描述开闭口、前伸、侧方等特征性三维运动轨迹，但由于其收集数据的方式大多是基于对机械殆架的扫描，所以并不适于口腔内的直接应用。第二种则是根据各种传统机械𬌗架的参数逆向设计出对应的虚拟𬌗架，使用时根据需求选择𬌗架的类型，录入患者的具体数据，从而进行辅助设计。目前，商业化应用于计算机辅助设计和计算机辅助制造（CAD/CAM）的虚拟𬌗架均为此类。这类𬌗架可以较好地完成下颌运动和咬合关系的模拟，但其只是间接转移了患者的信息，也不能直观记录并反映患者的铰链轴运动，所以仍具有一定的局限性。

（二）模拟患者口颌系统的虚拟𬌗架

这一类虚拟𬌗架（图 1-12-1）是通过实时扫描记录患者的口内情况及下颌运动，以此作为依据，个性化地实现患者的口颌系统模拟。早期的口腔修复 CAD/CAM 系统由于只扫描记录单颗牙的静态及下颌功能运动状态下的咬合接触关系，因此制作的修复体仍需反复调磨，且不能在存有对颌牙形态异常、缺损缺陷、咬合接触不良等情况时提供足够精度。一些学者使用 3D 激光扫描仪采集牙齿表面形态和咬合关系，再用下颌运动分析仪记录下颌运动，最终将获得后的数据导入到处理程序中整合，进行口内影像的模拟重现。也有学者通过将二

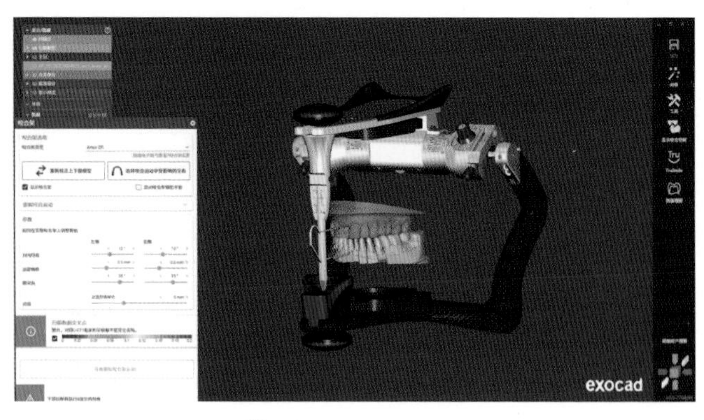

图 1-12-1　虚拟𬌗架

极管置于患者头部关键点后采集信号，从而建立了一种新的模型来分析下颌运动。此外，还可以利用口内三维扫描仪、数码相机和逆向工程软件，采用虚拟面弓技术直接将患者所有的口颌系统信息转化为三维模型。虽然此类型的技术直接将患者的口颌系统参数转移至计算机系统，但因受到当前科技手段的限制及下颌运动本身的复杂性，仍存在有精度不足的问题。

二、使用与维护

（一）数据匹配

1. 基于面扫数据直接匹配　该类型以 Planesystem 为代表，核心设备为面部扫描仪及船平面确定装置。使用时以鼻翼耳屏线（Camper 平面）作为参考平面，通过船记录材料确定上颌牙列与面部参考点的相对位置关系，在软件中通过船关系记录与面扫的三维数据相匹配上颌模型。该系统整合了面部数字化信息，可同时完成船平面的设定以及相关美学设计。但需要注意的是，此匹配方法并非对所有船架系统开放，仅能在软件中配合虚拟 PSI 船架使用。

2. 基于运动面弓和模型扫描的间接匹配　这种匹配方式的核心思路是通过各类运动面弓获得患者个性化下颌运动数据，包括：前伸髁导斜度（SCI 角度）、侧方髁导斜度（TCI 角度）、迅即侧移（ISS）以及相应前导信息；通过配套面弓转移上传机械船架后，在模型扫描仪内安放扫描架环获得上下颌数字化模型以及颌位关系数据，导入配套软件中进行虚拟船架运动的模拟。

3. 基于口扫数据、CBCT 数据的直接匹配　随着 CBCT 的逐渐普及和其三维重建精度的提高，下颌运动数据不仅仅局限用于匹配虚拟船架，模拟动态接触情况，更可以通过特殊船叉直接将口扫数据、重建上下颌骨模型数据以及下颌运动数据匹配起来，创建“真实”的虚拟患者，并通过软件计算再现牙列任意一点的实时运动情况。将获得的下颌运动数据文件导入 CAD 软件，就可以在设计阶段对殆面形态进行个性化的调整。

（二）平均值殆架

将口扫模型导入 CAD 设计系统后，调出虚拟殆架设置切导盘、髁导、迅即侧移等殆架参数即刻动态模拟下颌运动。

（三）辅助制作修复体

将虚拟殆架系统整合于 CAD 设计软件内，以全流程数字化修复体的加工制作为最终目的，通过虚拟殆架模拟修复体的静态、动态运动，参考平均值或个性化运动参数及路径调整生成的殆面形态，以消除最终修复体的早接触及殆干扰。虚拟殆架应用流程见图 1-12-2。

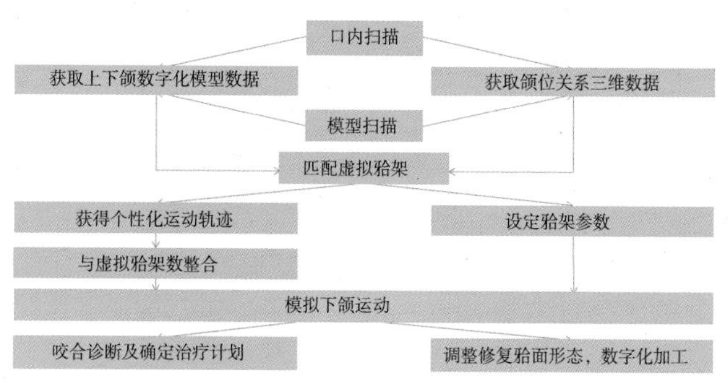

图 1-12-2　虚拟殆架应用流程

（四）咬合检查、辅助诊断

完成数据导入后，结合个性化下颌运动，对于咬合接触点、咬合接触顺序以及引导情况进行评估。

（五）精度

虚拟咬合记录过程的平均差仅为 0.069mm，且所有咬合点的标准差平均值仅为 0.011mm，与机械殆架 0.2656 mm 的平均差相较而言，更接近真实的咬合情况。

（六）咬合显示方式

将数据导入 CAD 软件并整合虚拟殆架后要注意选择现实咬合接触的方式是交叉面积还是最小距离面积，进行对应的调整。

第十三节 比色仪

一、简介

比色仪是一种计算机辅助比色系统，能够对自然牙、瓷修复体和牙齿漂白前后颜色进行数据分析，采用电脑控制辨识系统，故而不受外界环境或比色者技巧、经验的影响。该设备通过量化自然牙色所具有的色彩三维结构——色调、饱合度、明度的数值，科学地判断肉眼不能完全表达的在数值表上的细微差距，能分辨出 208 种颜色，并准确地将颜色以数字形式传递给技工。内置的计算机可对数据进行分析并立即提供应用相应的瓷粉的技工制作配方，使修复体对牙齿颜色的还原效果达到最理想。新一代电脑比色仪除了原有的“牙齿方式”（用于测量天然牙齿）和“瓷料方式”（用于金属陶瓷牙冠）外，又增加了“增白方式”（用于测量增白程度）和“分析方式”，并可全方位移动，无线测量，随时比色，不依赖于特定地点。

比色是瓷修复体制作过程中非常重要的一步，比色的准确性直接影响到瓷修复体颜色与自然牙之间的协调。传统的比色方法是借助比色板通过肉眼比色，但对色彩的感知却受到光源、周围环境（背景）颜色、物体尺寸的大小甚至眼睛疲劳程度等诸多因素的影响。研究和实践表明，这种方法的平均正确率仅为 30%，而且自然牙的颜色远比比色板上的颜色要丰富得多，加上每个人对色彩的感受不同，无法保证医生能将比色结果准确地描述给技工。

比色仪参数定义见表 1-13-1。

表 1-13-1　比色仪参数定义

参数	定义
明度（L）	指颜色的明暗程度，它与从白色（L = 100）到黑色（L = 0）之间的一系列灰度相对应
饱和度（C）	是指在一定明度条件下，颜色和相应灰色之间的差异，所测值为离开中轴线的距离。很多时候，也表示颜色纯度
色调（h）	是我们通常所称的颜色（红色、黄色、绿色、蓝色或一些其他颜色）。它与光波的物理波长相对应。在 L*C*h* 体系中它以 0°~360° 的角度表示。0°~90° 对应红色、橙色和黄色；90°~180° 对应黄色、黄绿色和绿色；180°~270° 对应绿色、蓝绿色和蓝色；270°~360° 对应蓝色、紫色和红紫色；360° 时又对应红色（与 0° 相同）
中间色	由两种及两种以上颜色的瓷粉混合而成，比如 2M2 可通过混合 2M3 和 2M2.5 得到
CIEL*a*b*	颜色空间中以三个坐标轴表示的颜色体系，由国际照明委员会确定

二、使用与维护

（一）选择对象

使用前需选择测量方式，如“牙体”或“瓷料”等。

（二）校准

长时间未使用需使用校准部件进行比色校准。

（三）多次测量

选择牙位并进行测量，相同方式测量数次并取平均值得出最终结果。

（四）维护

1. 保持设备清洁，经常用干净的软布擦去灰尘或污物。

2. 保持校准头清洁，防止灰尘和污物；定期清洗校准头内部。

3. 不要将设备放在有强磁场（如扬声器、电视或收音机）的房间，防止产生干扰。

4. 为防止医源性感染，每位患者使用前应更换接触头。

5. 当测量单元不使用时，将它连接充电部件进行充电。

第十四节 种植体稳固度检测仪

一、简介

种植体稳固度检测仪（图 1-14-1）是一种便携式检测仪，它使用无创伤式技术以及牙科种植体稳固度测量的谐振频率分析。该检测仪是将感应器附着在种植体或基台上（图 1-14-2）。通过手持式检测仪上的测量探针产生的磁脉冲来激活感应器。通过反应信号来计算谐振频率，该频率用于测量种植体稳固度。检测仪上的显示结果为种植体稳固度系数（ISQ），数值在 1~100 之间。数值越高表示稳固度越高。

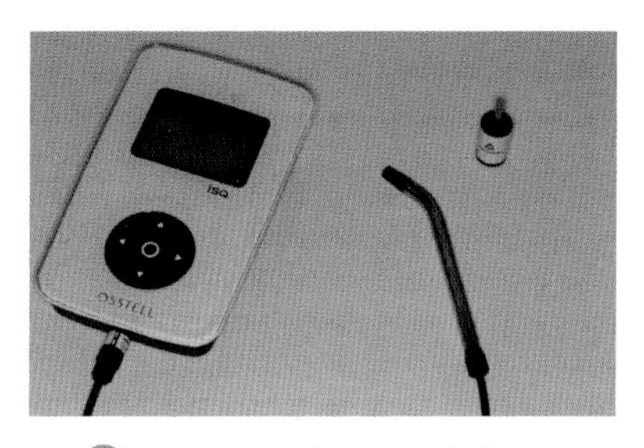

图 1-14-1　种植体稳固度检测仪

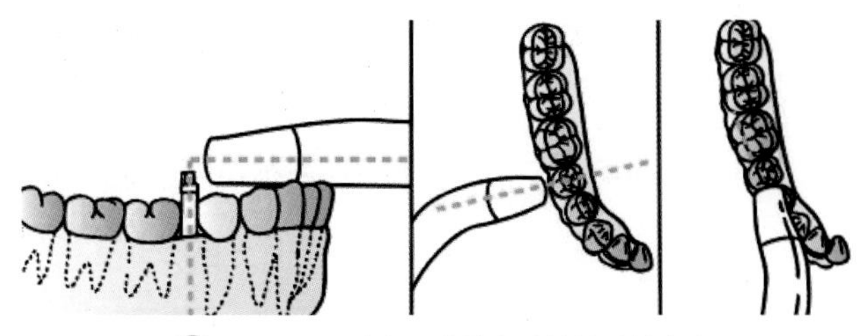

图 1-14-2 感应器附着在种植体或基台上

种植体稳固度检测仪用于检测种植体和基台稳固度，既可以为种植体稳固度的评估提供重要信息，又能作为整个治疗评估程序的一部分。由临床医生负责种植体治疗的最终决策。

二、使用与维护

（一）使用前准备

第一次使用前，应充满电。检测仪使用前，应调整日期和时间。每次测量种植体后，都会储存测量日期和时间。

（二）测试

将测试用感应器安放在桌子上或手持。打开检测仪，手持测量探针，靠近测试用感应器的顶部，直到检测仪发出蜂鸣声并显示 ISQ 值。测试用感应器顶部用红漆标上颜色。注意不得从固定块中移除感应器。检测仪探针可发出峰值为 20 高斯，在离探针尖 9 毫米处测试。

（三）启动

探针通过电线与检测仪连接在一起使用（探针及其电线可以高压灭菌），打开检测仪，在测量模式下，若检测仪处于不操作状态，则 2~30 分钟后（可自行调节）将会自动关机。

（四）连接到感应器

将感应器的支架与感应器连接。感应器具有磁性，当安装到种植体上时，支架将固定感应器。使用 4~6Ncm 的扭力将感应器拧入种植体或基台上。不应过紧，以避免损坏感应器的螺纹。

（五）开始测量

将感应器附着在种植体或基台上。握住测量探针靠近感应器的顶部但不要碰触到它。不需要按任何键。当检测仪感应到感应器时，测量开始，检测仪会发出可听见的声音。如果这两种声音变成连续的，随后听到一声提示音，显示屏将显示 1~2 个 ISQ 值。

（六）观察测量值

测量值由以下数据组成：ISQ 值、信号强度信息、测量日期及时间。如果存储单元为空的话，不会显示任何测量数据。

（七）计算机安装

当检测仪连接到计算机，可以进行检测仪固件升级和 / 或从检测仪下载测量数据到计算机中。

（八）测量时间

在种植体或基台植入后的任何时间，均可以使用种植体稳固度检测仪进行稳固度测量，假定可接近种植体。然而在大多数情况下，只在种植体植入时以及种植体负荷前或基台联结前进行测量。在这几个时间点上测量的稳固度值可决定稳固度的变化。每次测量后，记录 ISQ 值作为下次测量的基准线。ISQ 值的变化反映种植体稳固度的变化。

（九）结果解释

1. ISQ 一般来说，从一个测量时间到下一个测量时间，ISQ 值增加表示稳固度有所提高，ISQ 值减少则表示稳固度降低或者是种植失败。稳定的 ISQ 值表明稳固度无变化。ISQ 值与种植体移动性测量的其他方法无关。

2. 种植体稳固度 在不同方位，种植体稳固度不同。全部稳固度由与周围骨有关的种植体稳固度以及骨自身的稳固度组成。在某一个方位的稳固度总是最低，在某一个方位稳固度总是最高，这两个方位互相垂直。

用感应器测量这两个方位的稳固度，可以在同一个种植体上得到两个不同的 ISQ 值。在某些时候，这两个 ISQ 值非常接近，甚至相同。大多数情况下，较高数值在近中远侧位测得，它主要反映与骨头有关的稳固度。如果测得数值较低，该值更多地反映了全部稳固度，骨解剖学是一个影响因素。

3. 基台稳固度 当对基台或内置基台的种植体进行测量时，ISQ 值将会低于直接对种植体测量时的值。这是因为超过骨头的高度不同。为了找到 ISQ 值不同的原因，在种植体水平面进行测量，应在基台附着之前对种植体进行测量，并进行第二次测量。

（十）接头保护

与探针连接后，不得扭曲接头，从检测仪中移除时，环握住接头并轻推。

（十一）测量方向

在近中远侧方位（沿着下颌线）开始测量，尽量测得数值，同样在颊舌方位（与下颌线垂直）进行测量。如果不能在颊舌位获得一个准确的读数，那么尽量在稍微不同的旋转角度测量。

（十二）环境

为避免受到其他设备的干扰，探针不应贴近电子设备。如果有很多电磁干扰噪音产生，检测仪可能不能进行测量，而是发出一个音响信号。如发生这种情况，尽量将电磁干扰源移开。种植体稳固度检测仪不能在具有爆炸性或易燃性物质的环境中使用。

（十三）特别注意

测量探针发出的交互式磁场可能对心脏起搏器产生潜在干扰。

（十四）精度

单个感应器的 ISQ 精确度为 ±0.5ISQ 单位。如果将附着扭力的变化和感应器个体的差异包括在内的话，精确度为

±2ISQ 单位。

（十五）使用次数

感应器为一次性使用产品，每次使用后都应该丢弃。在同一名患者的测量期间，可以用来附着 10~20 次。

（十六）维护

1. 可以使用水或异丙醇溶液清洗检测仪。检测仪不要求定期保养。如果检测仪发生故障，种植体稳固度检测仪和配件应当送到生产厂家进行维修。

2. 探针和探针连线可以高压消毒（高压蒸汽，最高 135℃），完成循环后直接从高压灭菌器中取出。

第十五节 计算机辅助设计与制作系统（CAD/CAM）

一、简介

CAD/CAM 即计算机辅助设计与计算机辅助制作系统，是将光电子技术、计算机技术及自控机械加工技术集成用于口腔修复的新技术，可用于口腔修复体的设计和制作，并可有效缩短就诊时间和提高修复质量。该技术源于 20 世纪末，相较传统修复方式，CAD/CAM 被认为是一种更加快速、准确、高效的修复方法，如今在口腔医学领域已得到广泛应用。

现有的先进 CAD/CAM 系统根据其生产方式可分为三种：椅旁系统、实验室系统和加工中心系统，而椅旁系统主要是瓷睿刻系统（CEREC，德国）、E4D 系统（E4D Technologies LLC，美国）和锐珂系统（Carestream Dental Ltd.，美国）。所有的口腔 CAD/CAM 系统主要由三部分组成：椅旁数字化口内扫描仪或口外模型扫描仪、数据处理软件和将数据集转换为所需产品的义齿加工技术及设备。

CAD/CAM 加工材料的快速发展为修复治疗提供了更多选择，目前可使用 CAD/CAM 系统加工的牙科材料主要包括钛及钛合金、铬钴合金、树脂基材料、蜡、硅基陶瓷、渗透陶瓷、高性能氧化陶瓷（氧化铝、二氧化锆）、混合陶瓷、氧化锆增强硅酸锂玻璃陶瓷、纳米陶瓷、聚醚醚酮（PEEK）和聚醚酮酮（PEKK）等，根据 CAD/CAM 系统的不同，其选择加工的干湿环境有所不同。而关于加工材料的研究主要集中于机械性能和美学效果。

到目前为止，CAD/CAM 技术已广泛应用于生产各类修复体，包括嵌体、高嵌体、冠、贴面、多单位固定局部义齿和种植基台，甚至是全口义齿。而 CAD/CAM 技术的革新使得口腔修复的全数字化流程成为可能。CAD/CAM 技术的开发主要解决了三个挑战：第一是确保修复体足够的强度；第二是修复效果自然；第三是使口腔修复更容易、更快、更准确，在某些情况下，CAD/CAM 技术可以实现即日修复。

CAD/CAM 工作流程见图 1-15-1。

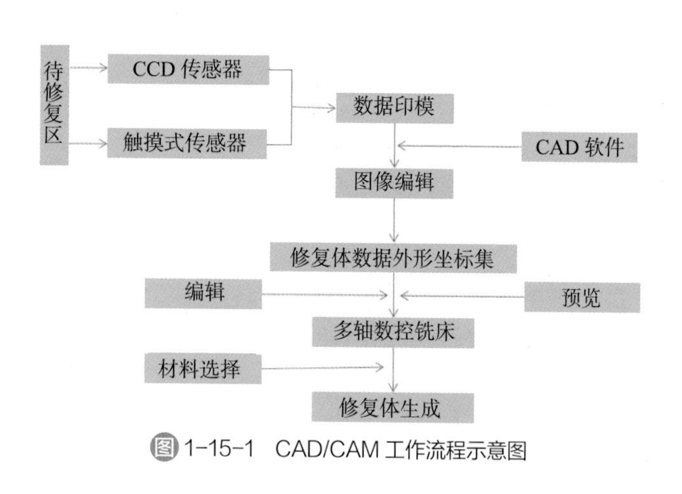

图 1-15-1　CAD/CAM 工作流程示意图

二、使用与维护

1. 将数据导入虚拟设计软件，通过人机交互在预备体／基台图像上设计修复体的外形参考点，并最终生成修复体数据外形坐标集。

（1）第一步在勾画边缘线时应该放大图像，在横断面进行细微调整。

（2）在设计固定桥时应调整共同就位道。

（3）在软件中调咬合时一般多留 0.5mm 左右给临床医生调磨的空间。

2. 自动或人工选择加工件的材料、颜色和大小，置于加工单元并固定。启动加工，同步显示进度。

3. CAD/CAM 系统的电源应稳定，波动小于 10%。连线应牢固，有条件可配稳压器或使用净化电源。

4. 维护保养

（1）每次使用前检查电源是否合乎要求。

（2）光学探头每次使用后应消毒并用纤维纸擦净，以免影响印模质量。

（3）冷却水应定期更换。

（4）加工刀具应定期更换，更换时必须使用专门工具。

（5）加工单元每次使用后应清洁。

第二章

种植外科及辅助设备

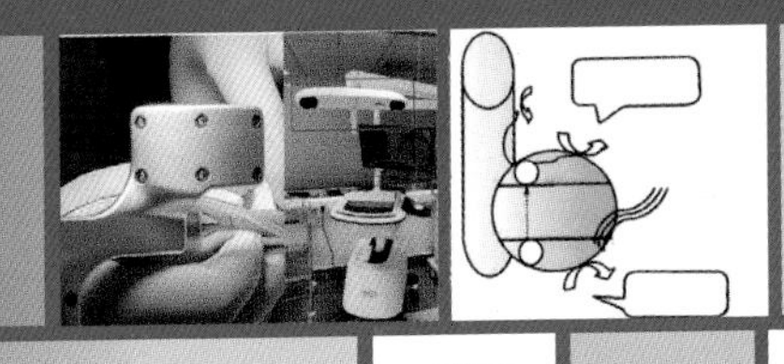

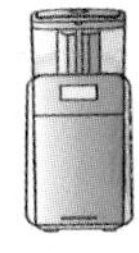

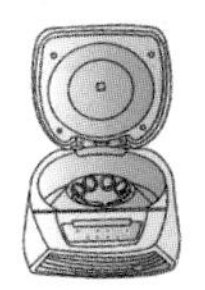

第一节 无痛注射仪

一、简介

无痛注射仪（STA）是利用计算机经过精密计算，严格把控注射角度、匀速给药、全程可控给药剂量以达到无痛化注射的麻醉仪器（图 2–1–1，图 2–1–2），避免了多次注射麻醉或麻醉起不到效果等问题。无痛注射仪提供微创治疗，具有创口小、创伤轻微、恢复速度快的优点。无痛注射基本原理是在注射点上先涂表面麻药起初步麻醉的作用再进针，注射器在无痛注射仪的控制下，在针头进入过程中一边进入一边送药，达到针未到药先到的效果。无痛注射仪利用计算机芯片控制压力，药液流速保持均匀缓慢。注射的针头经过特别设计，细而锋利，大大降低疼痛。另有部分无痛注射仪其原理是在注射区域接触震动的镇痛仪工作尖，通过降低神经元的感知从而削弱或关闭通往大脑的感知通道，达到减少疼痛的效果。

二、使用与维护

（一）适用范围

仅适用于牙科局部麻醉剂的皮下牙周膜内或肌内注射，不得用于静脉注射或其他给药途径。

（二）环境

可能会存在与外部射频干扰（RFI）或电磁辐射有关的安全性风险，这可能会影响设备的安全操作，因此应规避这些风险。

（三）预测试

建议在进行任何需要回吸的注射前，进行回吸预测试。这种简单的预测试将确保一次性手柄、麻醉剂药筒和所附针头不存在可能削弱回吸效率的漏气现象（按照产品使用说明中的描述）。

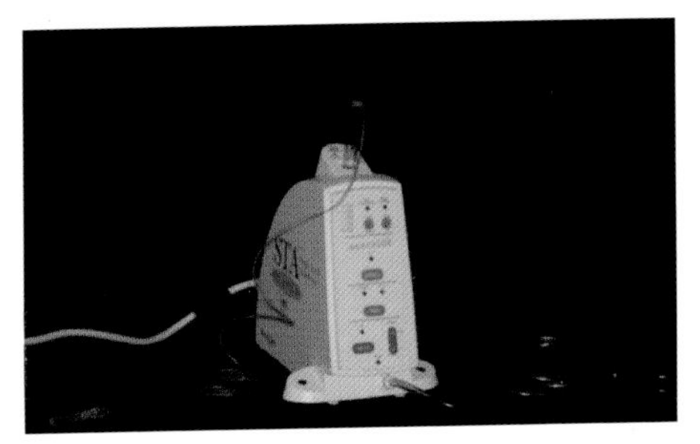

图 2-1-1　无痛注射仪

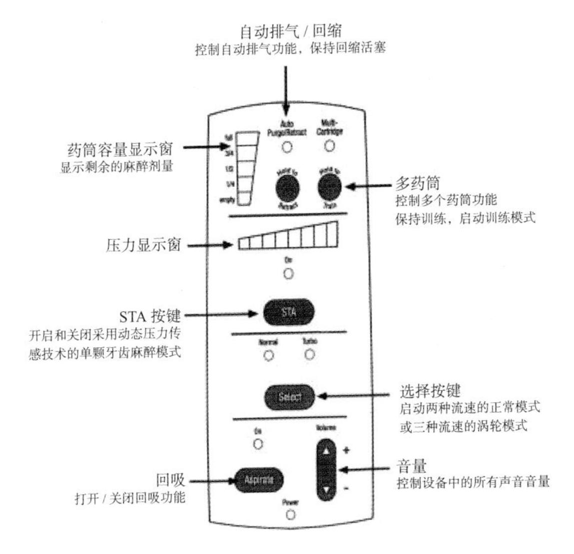

图 2-1-2　无痛注射仪操作界面

（四）穿刺

采用缓速进行上颌骨颊黏膜襞浸润。在穿刺黏膜时轻轻旋转针头，促进对表面组织的穿透。缓慢、轻柔地向前移动针头，深入黏膜，建立一个“麻醉通道”。

（五）回吸

当针头触及目标位置时，如需要可以进行回吸（释放脚踏控制器）。如采用自动给药，轻踏脚踏控制器进行回吸。重复进行回吸，直到观察到回吸阴性。当回吸阴性时，启动快速流速。

（六）监测用量

监测 LED 面板，确定传送的麻醉剂用量。

（七）加药

当药筒变空时（音频和视频信号），根据需要重新加药、排气、继续给药。

（八）取出针头

由于注射是在压力下进行的，取出针头时，带苦味的麻醉剂将会喷入患者的口腔。因此，建议操作者在回吸期间取出针头，也就是当驱动装置回缩时取出针头。

（九）防护

操作结束后，出于医疗需要或没有其他针头可用时，将针头重新盖上针头帽。麻醉剂药筒不得重复用于多名患者。

（十）特别注意

患有活动性牙周疾病的患者禁止韧带内注射。

（十一）确定位置

在实施韧带内注射时，最典型的发现是为了确定牙周韧带组织，常常必须重新调整针头的位置。操作者不应担心可能会需要多次尝试来确定理想位置。

（十二）设备放置

将系统和电源线放在伸手可及的地方，以便在突发紧急情况时，可以迅速关掉装置电源或拔掉电源插头。

（十三）防止针头变形

使用期间不要弯曲针头：变形或弯曲的针头会影响手柄的正确操作。

（十四）“超压力”状态

操作者可能遇到“超压力”状态。“超压力”状态是指压力达到装置的最大压力，此时装置将发出警报，并停止运行。这一般是因为针头尖堵塞或手对手柄施加的压力过大而阻碍了麻醉剂流动所致。出现这些情况中的任何一种时，必须取出针头，并重新开始注射。

（十五）速度

当进行腭部和韧带内注射时，应使用的速度为缓速。在所有注射技术开始时应使用缓速进行受控且安全的给药，通常仅造成轻微不适或无不适。一旦出现初始“麻木”的体征，可以在浸润注射和下牙槽神经阻滞注射期间决定切换到更快的速度。

（十六）稳定

推荐医生用一根空闲的手指控制并稳定针头的运动。

（十七）测试闭塞警报

操作者可以通过一根闭塞的针头并使用 STA 模式，对超压力状态进行测试。在 STA 模式下压力会上升，随即将响起警报。

（十八）维护

1. 清洁驱动装置　每次使用之后，应对装置进行消毒。将消毒剂喷到软毛巾上，擦洗装置。不要直接将消毒剂喷到装置上。也可以将屏障系统用于驱动装置。

2.“O”形圈和活塞的维护与润滑　适当地维护和润滑“O”形圈是回吸循环有效运行所必不可少的。建议每天检查“O”形圈是否有开裂、磨损或缺少润滑油，如有开裂或磨损，立即更换；如果活塞干燥或未涂抹润滑油，用手柄盒内的硅凝胶进行润滑，当活塞伸出时，轻轻地将硅凝胶涂抹于活塞轴上，提高光滑性。

3. 药筒破损　在插入药筒或在操作期间有时可能会损坏药筒。如果药筒被损坏，应彻底清除活塞周围和装置内药筒盒底座内的所有玻璃碎片和液体。玻璃碎片未除尽会对活塞造成干扰，并导致活塞发生故障。药筒盒插槽内的液体可以通过装置的底部安全排出。如果药筒被损坏按如下操作进行。

（1）取出药筒盒和药筒。

（2）将装置倒置，除去任何玻璃碎片或液体。

（3）利用大容量吸管或压缩空气，清理装置顶部的药筒盒底座，除去液体和玻璃碎片。

（4）检查残留的玻璃碎片，并将其清除。

（5）取出活塞。再次使用前先清洁并高压灭菌活塞。丢弃“O”形圈，换上新的。

第二节 牙种植机

一、简介

牙种植机是在口腔种植修复工作中，用于种植窝成形手术的一种专用设备。该设备的特点是：机内采用数字电路技术，对马达转速可连续调整，机头扭矩大，实现恒转速恒扭矩，采用蠕动同步无菌供水，数字显示机头转速，机头反转音响提示等。采用此类牙种植机可最大限度减少种植体周围牙槽骨细胞的损伤，达到最好的种植效果。合理选择种植机及其所配套成型刀具，是减少骨损伤、提高种植体与种植窝密合度、建立良好骨整合的重要措施，对种植体的精确植入及加快种植体骨愈合具有重要意义。

（一）结构

牙种植机主要由控制系统、动力系统、冷却系统三部分组成（图 2-2-1）。

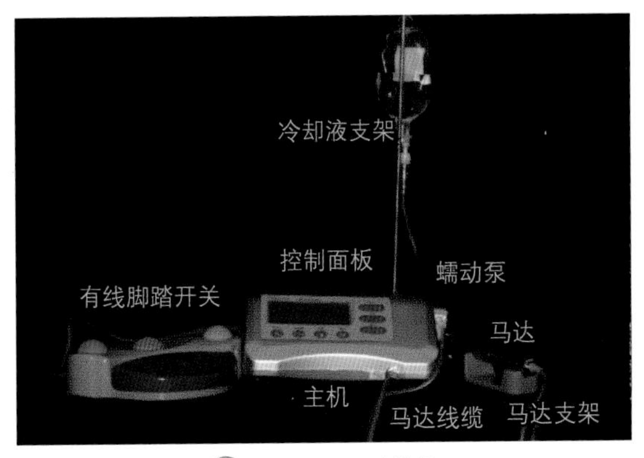

图 2-2-1 牙种植机

1. 控制系统 控制系统通过对手机马达的供电电流和电压进行调节，以实现对手机转速和输出力矩的调节、控制，实现手机转向控制；通过对冷却蠕动泵马达转速的调节，改变术区供水量，实现术区冷却的调节；同时，控制系统驱动显示屏显示种植机的工作状态。控制系统主要由单片机组成控制电路，通过设置在机体面板上的一组控制键进行操作。种植机常见的控制键包括转速调节键（旋钮）、力矩调节键（旋钮）、手机转向换向键（按钮）、冷却水输出调节键（旋钮）、脚控开关以及电源指示灯与电源开关。实现数字化控制与显示的种植机取消了模拟量按键与旋钮，代之以液晶显示屏和数字按键，并增加了记忆功能。对于特定种植体的特种操作流程编制相应的工作程序，启动该记忆功能后，种植机按时序输出特定的转速、扭矩和供水量，减少术中对设备的调整操作。当然，这种记忆功能还可用于记忆不同医生的临床工作习惯，非常方便。控制系统中，一旦机器的工作参数设定完成，医生可通过脚控开关控制马达的开启、停滞、换向和是否供水，不再用手调节机器的工作参数。

2. 动力系统

（1）手机马达：要求采用小体积、无级变速、高输出力矩的专用马达，转速从 0~4000r/min 连续可调，并在低速区有较高的力矩输出；同时能够耐受大电流，以适应提高供电电流，增大扭矩输出的要求。另外，该马达及其连接线应该能够耐受压力蒸汽消毒。

（2）种植手机：种植手术常常需要极低转速（＜100r/min）以保证高精度地预备种植窝。为了保证在低速区的大力矩输出，常采用机械减速手机。通过机械减速，在低速区可实现高力矩输出。故种植专用手机备有多种减速比的手机，如 1：1，2：1，8：1，16：1，20：1，32：1，64：1 等。目前在发展一种增速手机，其可以大幅度地提高手机的切削转速，实现如气动涡轮手机样的高转速低扭矩输出特征。

3. 冷却系统 为了消除钻削时摩擦产热造成的对种植窝骨壁的热烧伤，一个高效的冷却系统是十分必要的。种植机的冷却系统包括灭菌水源、蠕动泵、供水管道。

（1）灭菌水源：在临床上，灭菌水源多采用 500ml 装的 0.9% 氯化钠注射液（生理盐水），方便快捷，因此，种植机一般都设有吊挂注射液瓶的支架。

（2）蠕动泵：通过一个旋转的三角棘轮，对具有弹性的供水管道单向顺序挤压，使水流增压后沿一个方向送至手机头部。通过对蠕动泵驱动马达转速的调节，可实现对输出水量的调节。

（3）管道与术区供水方式：焊接在手机头部的冷却水管将水直接滴淋在切削钻具的表面进行冷却的称为外冷却；通过内部中空的切削钻具将水送达钻头尖端进行冷却的称为内冷却。外冷却方式对钻具的要求较低，成本低，但冷却效果有时不十分理想。内冷却方式的冷却效果较好，但钻具需要特殊加工，成本较高。现在有些临床医生联合使用上述两种冷却方式，可提高冷却效率，减少骨灼伤。

（二）原理

牙种植机是电力驱动式种植机，可提供牙科种植手术用器械所需的驱动力。该结构的产品作为独立设备由网电源供电，通过主机和脚踏开关预设或调节与种植手术操作步骤相对应的功能，将电能和信号通过马达线缆传递给马达，马达驱动手机，通过调节手机驱动马达的工作电压调节手机转速，通过调节手机驱动马达的工作电流有限补偿输出力矩，手机驱动种植手术用器械实施手术。同时由主机和脚踏开关预设或调节蠕动泵的控制，用于在种植手术过程中提供工作区域的水冷却、冲洗的动力，包括冷却液的流量调整（图 2-2-2）。

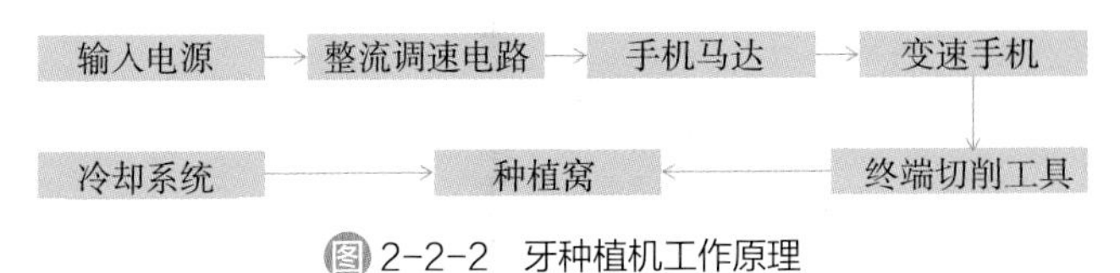

图 2-2-2　牙种植机工作原理

二、使用与维护

（一）无菌操作

接通电源，按序连通水冷却系统，注意临床上采用的水冷却系统是无菌的，安装时注意无菌操作。除冷却液软管外，其他部件非无菌包装无菌环境运输。在首次使用前，需要对马达、马达线缆以及马达支架进行消毒处理，注意手机及其线缆的消毒条件限制，使用正确的消毒方式对手机及其线缆进行消毒。冷却液软管仅供一次性使用，每次使用后，必须更换冷却液软管。

（二）冷却液软管

确保冷却液软管在蠕动泵锁定装置中放置恰当，软管没有被夹紧或挤压。蠕动泵运转时勿扭曲冷却液软管，否则会导致其破损或脱落。

（三）手机

选择恰当减速比的手机插入手机马达，调节手机减速比键，使显示的减速比与所选手机的减速比一致。

（四）试车

用脚控开关试车，在口外试车一切正常后，方可将手机置入术区开始工作。

（五）马达

马达可能会由于磨损而造成损坏或功能故障。当发生不正常的运行噪声、强烈震动或过度发热时，请勿继续使用。改变马达的转向、更换车针和装卸手机，需在停机后再操作，否则容易损坏马达。禁止向马达注油，否则可能导致过热发生故障。在马达运行中，如果转动的负荷达到了扭矩上限，此时马达停止转动，重新踩住脚踏开关上的转速控制踏板，马达开始转动。

（六）钻具使用

切削钻具应与手机相匹配，无偏心、尺寸超差、粗钝等现象，更不要勉强使用不合格钻具，以免在高速大扭矩工作时损伤手机。

（七）认识操作界面

操作界面见图 2-2-3。

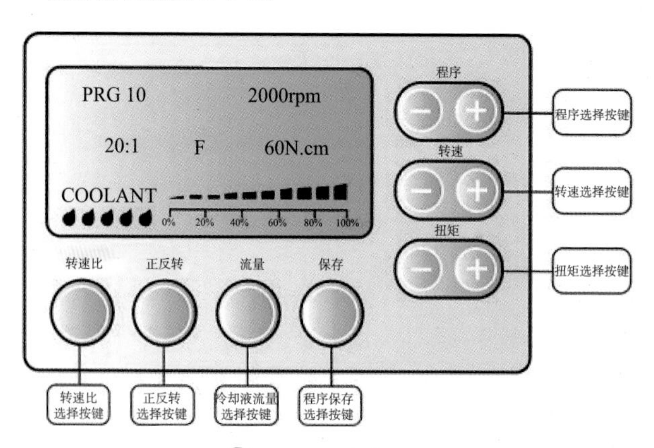

图 2-2-3　操作界面

PRG 10：当前选择程序；2000rmp：当前选择转速；20∶1：当前选择转速比；F：当前选择转动方向；60N.cm：当前选择扭矩；COOLANT：当前选择冷却液流量

（八）禁忌证

1. 全身健康状况不宜施行手术或无法耐受种植手术者；

2. 骨骼系统性疾患，如骨质疏松症、软化症、石骨症等；

3. 精神病、严重心理障碍者、酗酒者、吸烟者等；

4. 口腔内急性炎症期；

5. 种植区域软、硬组织有病变者；

6. 咬合关系不良、张口受限者；

7. 严重错𬌗、紧咬合、磨牙症等口腔不良咬合习惯，以及口腔卫生差且不能保持口腔卫生者；

8. 缺牙区骨量和骨密度不理想，估计通过特殊种植外科手术不能满足要求者。

（九）维护

1. 清洁与保养前应关闭电源，拔下电源插头。

2. 保持机体干净清洁，禁止用脂溶性溶剂、腐蚀性溶剂擦拭。

（1）清洗：清洁设备时，用非金属刷子将手机表面附着的脏污擦掉，再将柔软的布放在用水稀释过的中性洗涤剂中浸湿，拧干擦拭设备，然后用干布擦拭。

（2）消毒：建议用 75% 乙醇消毒。

（3）灭菌：手机、马达及马达线缆宜采用高压蒸汽灭菌，请用刷子将手机表面附着的脏污擦去。用清洗润滑剂进行手机内部的注油润滑。勿向马达注油，在马达接口处安装硅胶塞，放入灭菌袋，封口。灭菌参数为温度 121℃，压力 102.9kPa，灭菌时间 20 分钟。灭菌周期：牙科手机在有效期内可反复灭菌使用。

3. 马达与手机按说明书定期保养。

4. 长时间不使用时，请将无线脚踏开关内的一次性电池取出。

5. 牙种植机应存放在相对湿度不大于 80% 的无腐蚀性气体、干燥、通风良好、清洁的环境内。

6. 每次使用前必须检查是否有机械性损坏、外露导线和附件，每6~12个月进行一次全面功能性检查，每半年检查一次螺丝是否松动、电机是否正常工作，购买超过两年后需检查各部件是否稳固。

第三节 超声骨刀

一、简介

超声骨刀又称为超声共振骨切割系统，利用高强度聚焦超声技术，通过换能器，将电能转化为机械能，经微米级高频超声振荡，使所接触的组织细胞内水汽化，蛋白氢键断裂，从而将手术中需要切割的骨组织彻底破坏。在使用时，超声刀刀头的温度低于38℃，周围传播距离小于200微米。由于该高强度聚焦超声波只对特定硬度的骨组织具有破坏作用，不仅不会破坏到血管和神经组织，还能对手术伤口处起到止血作用，进一步缩小微创手术的创口，极大地提高了手术的精确性、可靠性和安全性。在空化效应和蠕动泵的冲洗灌溉下术区血液可快速流出，增加手术可视化和安全性。超声骨刀可用于口腔颌面外科、种植、正畸、牙周手术、根管手术、美容整形等。超声骨刀机的特点如下所述。

1. 微创 微米级的切割。工作尖前端的振动幅度在20~200μm之间，是肉眼无法观察出变化的微幅。振动刀头与骨组织接触面积均匀，同时快速地把磨削下来的骨组织带离手术区。水平方向：20~200μm/s；垂直方向：20~60μm/s。

2. 精确 缩小手术切口及术区。超声骨刀工作精度以微米计，最小手术切口长3.5mm，宽0.5mm，而且操作握持仅需很小的力度，切割轨迹不受限制。

3. 安全 选择性地切割，只对骨组织有效地切割，对软组织（神经、血管和黏膜等）损伤风险最小化。工作尖振动频率为 24~29.5kHz。

4. 无血的手术位点 切骨线清晰、干净，提供了手术范围内最大的视野。

（一）结构

超声骨刀的基本结构由主机（蠕动泵、泵管、泵管连接头）、配置压电陶瓷片的操作手柄、工作尖、脚控开关、冷却系统、冷却液支架、手柄支架、限力扳手组成。

1. 带蠕动泵的主机 包括电子变频系统和冷却液控制系统。电子变频器产生可控功率及频率的中频率交流电，输出至超声发生器再至工作尖；冷却液控制系统调节流向超声工作手柄的水流量。

在主机主控面板上装有显示屏幕、功率输出调节、频率输出调节、水流量调节、设备自检、工作照明、保养维护等按键。根据不同手术要求，调整输出功率、频率及水流。

在主机后板上装有电源线、脚控开关插座、保险管座、支架安装。电源线用于连接电压为 220V、频率为 50~60Hz 的交流电源，脚控开关插座与脚控开关连接，保险管座内安装电源保险管，主机上安装冷却液蠕动泵。

在主机前端安装配置有压电陶瓷片的操作手柄。

2. 配置压电陶瓷片的操作手柄 一体化设计的操作手柄，内置能够产生超声振荡的压电陶瓷片及连接主机的连线。整体可高温高压灭菌，灭菌温度为 134℃，时间不少于 20 分钟；或 121℃，时间不少于 40 分钟。

3. 工作尖 用医用不锈钢喷涂镁钛合金涂层制造，因要适应不同手术需求，有不同形状。

4. 脚控开关 主要控制中频率交流电的输出及冷却液的输出。

（二）原理

1. 设备工作原理 变频器产生的中频率交流电，通过手柄内置的压电陶瓷片产生超声振荡，然后耦合到手术刀头上并让刀头产生纵向超声振荡（振幅为 20~200μm）。利用刀头的机械切割及共振切割的原理，进行骨切割。振幅的大小变化与供电电能和所选的频率有关。超声骨切割系统工作原理如图 2-3-1 所示。

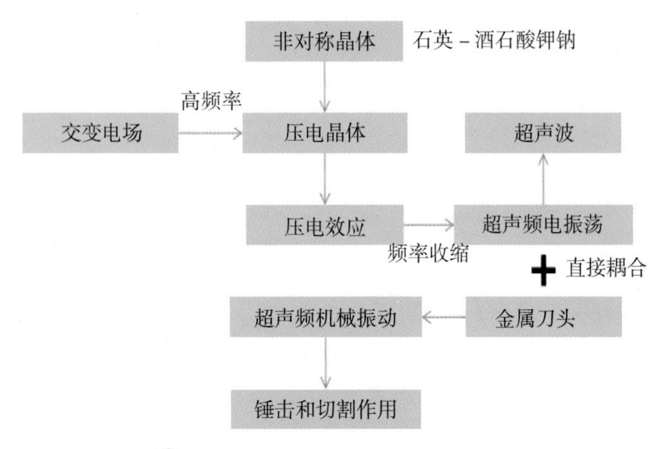

图 2-3-1 超声骨刀切割系统工作原理

2. 共振切割原理 超声的机械效应或破碎效应：超声骨切割系统主要是利用超声波的机械效应对硬组织进行切割，生物组织在声强较小的超声波作用下产生弹性振动，其振幅与声强的平方根成正比。当声强增大到组织的机械振动超过其弹性极限，组织就会断裂或粉碎。

二、使用与维护

（一）超声骨刀组成

超声骨刀组成见图 2-3-2。

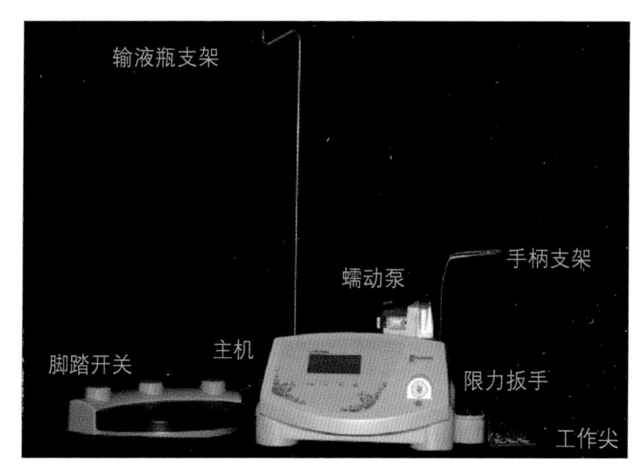

图 2-3-2 超声骨刀

（二）工作模式

切骨、清洁和牙体治疗。

1. 切骨模式（BONE） 在切骨功能下，功率大小不可调节，水量大小可以调节，共分四种模式。

（1）Quality1：适用于非常高的骨密度 / 大的皮质骨。

（2）Quality2：适用于高的骨密度 / 大的皮质骨。

（3）Quality3：适用于均匀的骨密度 / 好的皮质骨。

（4）Special：适用于低的骨密度 / 差的皮质骨。

2. 牙体治疗模式（ROOT） 在牙体治疗功能下，功率大小和水量大小均可以调节，共分两种模式。

（1）Perio：牙周治疗。

（2）Endo：根管治疗。

3. 清洁功能（CLEAN） 在清洁功能下，踩住脚踏开关 3 秒确认后，主机即可自动完成 25 秒的管路清洗。每次做完手术需要使用清水清洗水路（包括泵管、手柄）。

（三）工作尖选择

1. 尖锐的工作尖 此类工作尖尖锐的边缘能够更高效、更有效地用于骨构造手术。当需要一个精细、微小的切口时，此类工作尖能被用于骨切开术、骨成形术；同样一些尖锐的工作尖能够用于骨碎片移除——骨成形术。

2. 平滑的工作尖 平滑的工作尖有着圆滑的形状，被用于精确可控角度的骨构造；平滑的工作尖被用于骨切开术，需要时可用于复杂、精细的构造，例如上颌骨提升或种植术。

3. 钝性的工作尖 钝性的工作尖被用来剥离软组织，例如提上颌窦底提升手术或侧神经手术。在牙周病学中，此种工作尖能被用于平滑牙根表面。

（四）消毒灭菌准备

手术之前，手柄、扳手、工作尖及工作尖支架、器械盒应经过灭菌方可使用。手柄支架如未经消毒，请不要用于承托手柄。

（五）安装

1. 将冷却水袋支撑杆、脚控开关、电源线安装到主机后面相应的位置上。

2. 连接手柄与主机。将手柄连线的插头插入设备前方的环形输出孔内，务必使插头与输出口上的标记正确对应（红点对红点），然后用金属环将接口锁紧避免连接不稳（注：往前推代表锁紧，往后拔代表松开）。

3. 将冲水管一端接在手柄上，另一端插入 0.9% 氯化钠注射液袋（瓶）。向上推开蠕动泵上盖，将硅胶管安装就位。注意分清方向。

4. 将所需要的工作尖在无菌状态下安装到手柄上，就位后使用专用扳手旋紧。

（六）测试

打开电源开关后按下测试键（TEST 键），泵开始运转使冷却水传送到压电装置，然后开始低功率的超声振动功能测试。测试结束后，显示屏上出现“测试正确”字样，该操作进行两次。

（七）使用设备前

请确认已移开软组织并找到合适的操作位，以避免伤害到患者。若非如此，在操作中可能偶然接触到软组织而造成创伤。有条件可以使用更专业的防护器械来降低患者风险。

（八）蠕动泵

脚踏开关绝不能在蠕动泵的泵盖打开的情况下启动，运动的部件有可能会损伤操作者。

（九）功率/频率选择

为了更好地把握施术用力的大小及选择的相应超声功率、振动频率，首先应考虑以下因素：工作尖的类型及对应的功率范围、振动频率、骨的类型，以及对手柄施加的压力、移动的速率。

（十）手柄使用

请勿用任何物体使工作状态的手柄停止工作，特别是手。长时间的手术过程中，如温度过高，应中断手术、增加冷却水量或将功率减小以冷却手柄。

（十一）灌注系统

操作前及操作中应实时检查灌注系统，确保灌注系统通畅，如发现异常应停止使用该设备。

（十二）工作尖使用

1. 更换工作尖时，请勿踩动脚控开关。

2. 不可仅手持手柄的末端或电源线。在扭紧工作尖时，不可扭转手柄，仅能稳拿住手柄，扭转扭矩扳手。扭转扭矩扳手直至工作尖完全固定于手机上（当听到机械的“咔咔”声，则表示工作尖已被完美固定）。

3. 需在工作尖正式使用前踩下脚踏并启动，此处能使用电子电路没有任何阻碍地发现最佳振荡点，由此得到最佳性能。

4. 用完后，从手柄上取下工作尖，避免由于偶然踩到脚控开关启动设备，造成伤害与设备损坏。

5. 未安装工作尖无法进行测试。

6. 原则：在使用超声骨刀中所需的手术操作方法与使用锉和摇摆锯时截然不同，要增加切割效率并不能通过增加对手柄的握持力和压力而达成。因为在一定程度下，增加压力反而会阻碍工作尖的振荡，并且切割的能量转变为热，持续较长时间对组织有损伤。

7. 应根据不同工作尖的振动频率，施加正确的压力。

8. 握持方式：持笔式，用适当的力量，轻轻地带着工作尖运动。

9. 工作尖工作角度：刀刃完全垂直骨面。

10. 刀刃的运动方向：顺着刀刃的方向快速前后运动，严禁左右摇动。运动状态分为直线往复运动或定点垂直上下运动。

11. 使用限力扳手拧紧工作尖时，不要握紧手柄的尽头或者接线处，握住塑料外壳并且在拧紧时不要转动。

12. 工作尖操作的禁忌：绝对禁止在操作中工作尖做左右摆动、扭曲等动作。请勿使工作尖的非切割部位接触到黏膜和软组织，避免因摩擦产热烫伤。如遇工作尖被卡在骨缝中，停止踩脚踏，并请轻轻地将工作尖摆到正确的方向（即与骨缝同方向），然后踩脚踏手柄工作，顺方向取出。

13. 应指导患者在治疗期间通过鼻子呼吸以避免吸入脱落的工作尖的碎片。

14. 喷雾处理，仅使用液体能通过的工作尖。

15. 治疗时，应避免与牵引器或其他金属用具的长时间接触。使用过程中，工作尖上不要施力过度。如果破损，应确保手术部位无残留碎屑，同时有效抽吸去除碎屑。

（十三）禁忌

血友病患者禁用；戴有心脏起搏器的患者或医生禁用；心脏病患者及幼儿慎用；伴有口腔颌面部感染、未治愈的各类口腔黏膜病、根尖周病、牙龈病、牙周病、口腔肿瘤等患者慎用；过敏体质及有药物过敏史者禁用；精神障碍者慎用；伴有严重全身感染性或系统性疾病者，如心、肝、肾、造血系统、消化系统及内分泌系统等疾病患者慎用；孕妇或哺乳期女性，近期有生育计划的育龄妇女慎用。不要在金属或瓷修复体上进行该治疗，超声波震动会导致该修复体解体。

（十四）电磁干扰

同一房间或邻近房间内使用的其他电器设备，或者来自手机、对讲机等便携式及移动式 RF 通信设备，或者来自附近的无线电设备、电视或微波传输设备，可能会导致超声骨刀性能降低，若影响到超声骨刀正常工作，建议排查干扰源并采取干扰抑制措施。

（十五）维护

1. 软管 使用完后，应用蒸馏水清洗软管，这样可避免手柄内产生结晶。具体操作：将冲水管进水口插进干净的蒸馏水中→ MENU → Memory → Cleaning → Memory →踩下脚控开关直到冲洗干净（此动作请保持清洗 5 分钟或水量不小于 200ml），可重复操作确保 0.9% 氯化钠注射液冲洗干净。

2. 工作尖 定期检查工作尖是否磨损，工作尖的有效部位变钝后必须更换，镀金钢砂工作尖上的金刚砂变光滑、光亮后也必须更换。为防止工作尖磨损而影响手术，建议术前备一套已消毒的工作尖套装，宜采用高温高压 121℃（推荐）或 134℃的灭菌方式灭菌，也可用乙醇清洁，或建议连工作尖支架一起超声波清洁。变形的工作尖或损坏的工作尖在使用过程中易于断裂，因此任何情况下都不要使用此类工作尖。氮化处理时，切割器切割效率变得低下。锐化则会破坏工作尖，因此不建议使用。

3. 手柄 术前详细检查确认手柄线完好无损，附件齐全；根据说明书进行维护；按设备供应商推荐的灭菌要求进行灭菌操作，宜采用高温高压 121℃（推荐）或 134℃的灭菌方式灭菌；手柄中安装有陶瓷压电装置，为避免手柄进水，请在灭菌时打双层包装（即一层灭菌袋，一层布包或双层布包），清洁与消毒过程中，勿使液体渗漏入设备内部。手柄外壳可用沾有水、乙醇或其他消毒剂的软布擦拭。手柄和尾线不能被分离，不要将手柄和工作尖连在一起消毒。

4. 超声波发生器

（1）术后需详细检查电源线、接口、脚控开关是否完好无损。

（2）主机和由抗菌塑料制成的控制面板可用消毒药巾清洁。

（3）及时擦干所有液滴，去除机体上腐蚀性化学消毒剂，以免对主机产生腐蚀。

5. 注射液支撑杆　可用水、乙醇类或其他消毒剂清洁。

6. 限力扳手、泵管、泵管连接头、手机支架　清洁后用水稀释 pH7 的消毒剂对其进行消毒并小心将其完全干燥，高温高压灭菌后独立密封到一次性包装内。

7. 主机 / 脚控开关外壳　可用不含乙醇及丙酮的清洁剂或中性去垢剂湿布擦拭，请勿将脚控开关放入超声清洗机中清洗。推荐只用 pH7 的消毒剂进行消毒，一些用乙醇的消毒方法或许会使塑料材质褪色或造成损害。

8. 清洁注意　在灭菌前后都要保持工作尖内外、连接器电连接处完全干燥，若需要，可通过使用热吹风筒吹的方法使之干燥。

9. 灭菌　每次治疗后对手柄、工作尖、工作尖支架、限力扳手、泵管、泵管连接头、手柄支架进行清洗、消毒、灭菌，只能使用高温高压蒸汽灭菌，灭菌好的器械确保使用前未被污染。

10. 长期不使用时　应关闭电源开关，拔下电源插头，每月通电通水一次，每次 5 分钟。

第四节 高频电刀

一、简介

高频电刀（图 2-4-1）是一种取代机械手术刀进行组织切割的电外科器械。它通过有效电极尖端产生的高频高压电流与肌体接触时对组织进行加热，实现对肌体组织的分离和凝固，从而起到切割和止血的目的。

高频电刀主要用于口腔颌面外科以及种植、牙周等各类手术。高频电刀与传统的手术刀相比，具有功率高、组织出血少、可缩短手术时间等优点，是理想的外科手术设备之一。

集成电路高频电刀具有以下特征：①计算机控制，切割与凝血自动转换，功率设置可调；②浮地输出，声光报警，数字显示；③具备单极电刀纯切、混切，单极电凝和双极电凝等功能；④具有射频隔离、板极监测、单项输出等各项安全措施；⑤可选配各种不同形状的电刀头，以满足不同手术的需要；⑥具备手控和脚控两种方式。

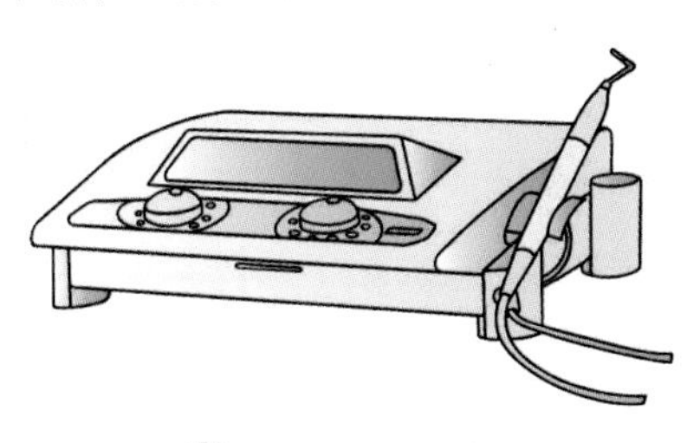

图 2-4-1　高频电刀

（一）结构

按高频电刀产生高频电流的原理，将其分为集成电路高频电刀、氩气增强电刀和火花高频电刀（本文只叙述集成电路高频电刀相关内容）。集成电路高频电刀由主机和相应的附件包括手控刀柄、单极刀柄、手控开关、脚控开关、电极板、电源线、接地线、双极线、双极电凝镊子及电刀刀头等组成。

（二）原理

集成电路高频电刀是利用高频电流的原理进行生物组织的切割和凝血。其基本工作原理如下：当整机电源接通后，电子线路振荡器产生高频振荡电信号，经逐级放大后，电子信号从电子线路末级输出到工作尖，以满足治疗工作的需要。集成电路高频电刀的工作原理如图 2-4-2 所示。

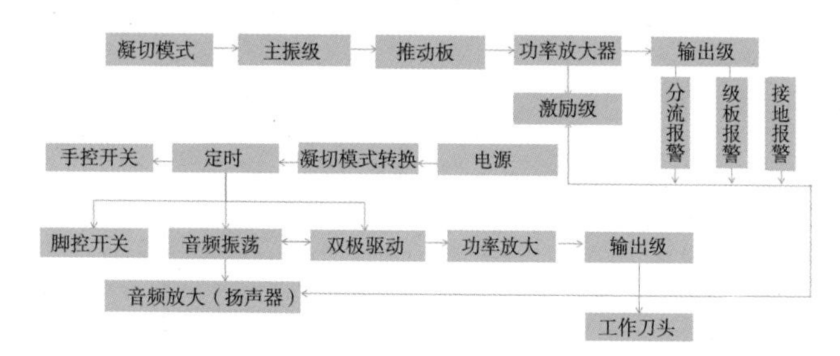

图 2-4-2　集成电路高频电刀的工作原理

集成电路高频电刀的不同模式功率见表 2-4-1。

表 2-4-1　集成电路高频电刀的不同模式功率

模式	功率（W）
纯切	0~350
混切（普通凝血）	0~250
混切（加强凝血）	0~200
单极电凝（喷射凝血）	0~100
双极电凝	0~50

二、使用与维护

（一）开机前准备

1. 将模式调节旋钮、电切强度调节旋钮及双极强度调节旋钮置于“0”位，接地报警选择开关置于“开”位；机器要有良好的接地，接地电阻小于或等于0.4欧。

2. 接好电源和脚控开关导线，接通电源，电源指示灯亮，极板报警灯亮，并伴有音响报警。将电极板一端插入极板插孔内，极板报警即消失。

（二）单极电切和电凝的使用

单极电切和电凝均可用手控开关或脚控开关输出。若用手控刀柄，则将其插头一端插入手控刀柄插座，按下黄色按钮，电切指示灯亮，且有声音指示。将模式调节旋钮或电切强度调节旋钮调至合适的输出功率。在中间位置起始，沿顺时针方向调节旋钮，可增强电切效果；沿逆时针方向调节旋钮，则增强电凝效果。沿顺时针方向调节电切强度调节旋钮，可增加输出强度。一般在使用电切输出时，模式调节旋钮刻度放在约中间位置，这样在电切的同时又兼有电凝效果。按下蓝色按钮，电凝指示灯亮，主要是止血功能。手控刀柄和单极刀柄两者不能同时插入相应插座，只能将需要的一件刀柄插入。电切时，踩下黄色脚控开关，并由模式调节旋钮调节输出功率；电凝时，则踩下蓝色脚控开关，并用电凝强度调节旋钮调节输出功率。

（三）双极电凝的使用

将双极线一端插头插入双极插座内，将双极镊子钳尾部插入双极线插套内，根据手术需要将双极输出选择按钮开关置于低或高位置。踩下绿色脚控开关，双极指示灯亮，并伴有不同于电切和单极电凝的声响。缓慢调节双极强度调节旋钮，直至凝血满意为止。启动脚控开关或手控开关后，功率输出能持续25秒左右，之后需重新启动开关。25秒内若不需要输出，只要放开脚控开关或手控开关。电刀有功率输出时，不可调节各种旋钮。

（四）环境

手术室中不得有易燃易爆的气体、液体或其他物质，因为高频电刀手术中会产生火花、弧光，易燃易爆物遇火花、弧光会发生燃烧或爆炸。

（五）禁忌

戴有心脏起搏器的患者或医生一般不能使用高频电刀，因高频会干扰心脏起搏器，使之工作不正常甚至停搏。如一定要使用高频电刀，则必须按起搏器的使用说明书规定，采取必要而有效的预防措施。

（六）输出功率

切忌盲目增大电刀的输出功率，以刚好保证手术效果为限。因为高频电刀手术中任何危险均随功率的增大而增加。当手术要求的功率明显大于正常值时（一般电极电刀手术使用的功率为20~80W，特殊手术如截肢要求大一些，电极超过200W），应检查极板安放情况、极板及刀头电缆的完好程度、机器状态和病员悬浮程度，千万别随意增大输出功率设定值。在不能预知正常功率时，应从小到大逐步试验到刚好用为止。机器使用结束和开机之前均应保证各输出功率设定值在较低值，避免过大功率突然加到患者身上。

（七）维护

1. 使用过程中，若发现切割或止血作用有降低时，可清除刀具上的污物或检查极板是否接触好。在清除刀具上的污物时，请勿接通脚控开关和手控开关。

2. 工作时，刀尖与极板、机壳、双极镊尖不可随意接触，以免损坏刀具。

3. 若有报警信号出现，应立即停止使用。针对不同的报警信号排除故障后，方可恢复使用。

4. 放置导线时，应避免与患者或其他导体接触。

5. 患者同时使用高频手术设备和生理监护仪器时，任何没有保护电阻的监护电极应尽可能地远离手术电极，此时一般不采用针状监护电极。

6. 操作者不能随意调节面板上的平衡电容器。

第五节 口腔内镜

一、简介

口腔内镜又称口腔摄像系统、数字化口腔照相机、口腔内镜、口腔镜，出现于20世纪80年代中期，是一种可以将摄像头放入口腔内的微型摄像系统。内镜成像在COMS或CCD图像传感器上，经过光电转换和图像信号处理后送到显示器上，可以实时逼真显示口腔内牙体、牙周及黏膜组织的病变和治疗情况，并可储存和打印。可以根据需要方便地改变焦距和摄像范围，小到口内牙面基础甚至根管内的细微结构，大到可以摄取患者整个头部的全貌，是牙医眼睛的进一步延伸。在口腔内镜系统的协助下，医生能更好地发现软、硬组织上发生的病变，并能让患者直观、全面地了解自己牙齿或修复体表面的污渍、菌斑、牙结石以及牙龈炎等平时自己无法看到的牙病和牙齿缺陷。

应用不同的光学原理，包括荧光原理，口腔内镜可以辅助进行早期龋、黏膜病变的筛查和诊断。专门设计电脑系统还可以进行三维重建等功能，实现光学印模制取。

口腔内镜系统的病历记录对于医生积累临床经验，总结治疗方法，提高治疗效果都有极其重要的价值，同时也可为学术论文的写作提供直接素材。

口腔内镜按图像显示原理可分为两类，一是通过视频显示设备，如电视机监视器等直接显示图像；二是通过电脑获取、处理及电脑显示器显示图像。

（一）结构

1. 装有摄像头的手柄 有的机型装有光导纤维和卤素灯摄像镜头为定位镜头或可变焦镜头，能做90°旋转，10~40倍放大。在手柄内部安装有影像接收（CCD板）和照明系统。

2. 线缆 通常装有摄像头的手柄与电脑系统通过电缆连接在一起；也有设计通过无线电子信号将二者相连，与摄像手柄相连。

3. 电脑处理系统、彩色监视器或电视机 通过安装或内置配套软件进行图像的显示和播放。专门设计电脑系统还可以进行三维重建等功能。

4. 高分辨率的彩色打印机。

5. 脚控开关 可以通过它方便地进行图像的采取控制。

（二）工作原理

由于口腔内特定的环境，口腔内镜必须带光源。内镜的光源将目标物体照亮，被照射物体的反射光线通过摄像头的光学透镜将物像投射到 CCD 接收板。对于第一类口腔内镜，CCD 接收板将物像转换成 RGB 视频信号。RGB 视频信号直接传输到电视机显像，或直接传输到其他可接收视频信号的设备，如视频打印机、录像机等。此类口腔内镜由于使用 RGB 视频信号，图像质量、图像分辨率等均受到一定限制，而且所摄取的图像无法方便地存储及调用。但 CCD、摄像头等的成本均比较低廉，整个系统的造价相对较低。对于第二类口腔内镜，CCD 接收板将物像转换成可被计算机识别的 VGA 信号。该视频信号传输给计算机的影像处理卡，影像处理卡及相应的软件将 VGA 信号处理成可被计算机利用的编码，供计算机使用。此类口腔内镜由于采用了 VGA 信号，可获得清晰度很高、层次感好的视频图像。而且，由于使用了计算机技术，可对影像进行各种处理、分析、储存、再加工、分档，并可随时调用，结合计算机网络技术，可对影像进行远距离单点传输、多点传输等，实现远程会诊、资源共享。由于口腔综合治疗台逐渐引入了先进的多媒体显示技术，此类型的口腔内镜越来越多地被医生选用。

二、使用与维护

（一）检查准备

1. 检查前清洁口腔，可用漱口水含漱或擦洗口腔等，保证口腔视野的清洁。

2. 检查之前应取下义齿、眼镜等物品，以免影响检查。

（二）检查过程

1. 医生调节治疗椅后，患者仰卧位，头部与医生肘部平行。

2. 医生在检查上颌牙时，患者咬合平面与地面呈 45°~ 90° 角，检查下颌牙时，咬合平面尽量与地面平行。

3. 医生手持口腔内镜操作部位，在直视下将口腔内镜放入口腔。患者应保持张口状态且尽量用鼻呼吸，减少镜面水雾。

4. 在口腔内镜检查口腔时，患者可能会因长时间张口出现颞下颌关节不适感，如不适感无法忍受，可提前嘱咐患者用手势向医生示意，闭口休息，待症状缓解后再予以检查。

5. 摄像手柄采用握持气动涡轮手机的方式，选择一有利的支撑点，以便减少抖动，使影像更清晰。

6. 口腔内镜的消毒防护目前有两种方式：一是使用一次性塑料防护套；二是使用可反复消毒的防护罩，即在摄像头手柄上装备可拆卸的钛合金护套，护套的摄像头区有高清晰度玻璃，可进行高压蒸汽消毒。

7. 需严格无菌操作。

（三）维护保养

1. 由于口腔内镜使用较多高清晰度的玻璃等易碎、易磨损元件，使用中应避免磕碰，尤其应注意防止患者用牙齿咬。

2. 有些口腔内镜使用光纤传导图像，应防止折叠。

3. 口腔内镜要使用自带光源照明，应尽量避免连续长时间使用，以延长光源的寿命。

第六节 高浓缩生长因子变速分离系统

一、简介

高浓缩生长因子变速分离系统（图 2-6-1），又称 CGF 纤维蛋白离心制造机，是取患者自体的外周静脉血，在特定的时间和速度下，来获得血小板释放的生长因子的设备，用于牙科实验室内血液离心及纤维蛋白制备，目前广泛应用于口腔种植、牙周、颌面外科，以及整形烧伤科、骨科、神经外科等的自体血液生长因子的提取及使用，操作简单。在临床使用中，可以快速促进软组织及骨组织愈合。

该系统主机主要由 UV 紫外线消毒系统、一体成型转子两大部分组成。机器工作时自动开启控制系统恒温 15℃，在 13 分钟内，电脑控制在 2700r/min、2400r/min、3000r/min 之间进行变换，完成红细胞、白细胞、血小板的沉淀，并激活血小板释放生长因子，最终形成血小板血浆层（PPP）、富含高浓缩生长因子的纤维凝胶层（CGF）、红细胞层（RBC）三层。

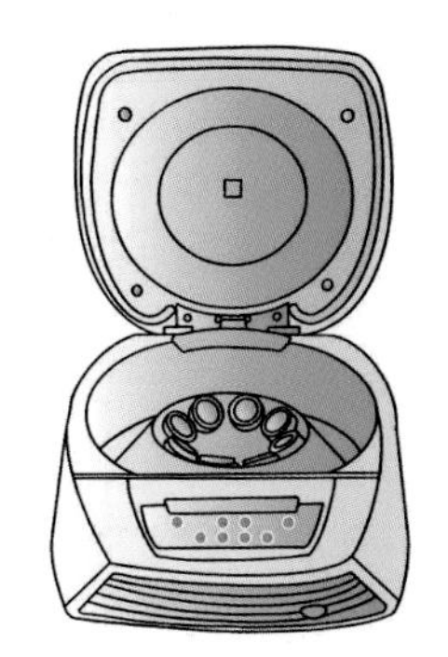

图 2-6-1 高浓缩生长因子变速分离系统

二、使用与维护

（一）开机顺序

先接通电源线再打开机器后面的开关。

（二）消毒

机器使用之前，按下开始键，机器开始 5 分钟的紫外线消毒，结束后盖子自动打开。

（三）离心

采用 21G 绿标采血针及特制的 9 ml 红帽负压采血管，获取患者的外周静脉血后，快速对称放入到机器里面，盖上机器盖子。按下开始键进行 13 分钟自动分离，直至机器盖子自动打开。将分离结束的试管拿出放到试管架上待用即可。

（四）环境

手术室温度建议控制在 21~23℃。

（五）勿强制开启

开启离心机，盖子自动打开。工作过程中，每分钟会有一个声音提示。工作结束时，当离心器停转后，盖子会自动打开，如果想中断程序必须按“STOP”钮，当离心器停止下来后盖子才会打开。在运转期间请勿用任何方法开启盖子，否则将会对操作者和附近的人造成危害。假如机器关闭后立即开启，机器只会在离心器停止后打开，请勿强行开启盖子。当 PC 板失灵或锁上时，盖板保持关闭状态直到离心器停止转动。

（六）氟纶容器的使用

离心器里的容器是用来放置用于分离装有血液的试管的。特氟纶容器不得接触血液，否则要进行严格的清洗和消毒灭菌。

（七）离心器的拆分

握紧离心器并拧开顶部旋钮来拆卸离心器。旋钮拧下来后，离心器可以向上提起并取出。重新组装时，必须把旋钮拧紧。

（八）维护保养

1. 机器使用后要进行物表消毒，使用前进行 5 分钟的紫外线消毒。

2. 机器内部转子一旦沾上血渍，请立即将套管拿出进行高温高压消毒。

3. 机器使用后一定要关闭机器电源，以防下次接通电源瞬间由于电压不稳定，将保险丝烧毁。

4. 机器分离过程中，一定要在稳定的桌面或地面上。

5. 使用药品或化学产品，会引起机器表面损害。残留在表面的消毒剂可以使用中性清洁剂清洗掉。损害的程度与反应的时间有直接关系，所以应使用软布立即清洗受损的部分。

6. 设备有两个内部熔断器，经过授权的个人可以更换它们。两个外部熔断器，可以通过以下方式操作：从插头中取出电源电缆，然后打开相应的盖板。

7. 不要使用研磨清洁剂，否则表面会出现失去色泽、浑浊和颜色模糊。

8. 所有日常的保养和清洗都必须在拔掉电源线后进行。在清洗或消毒过程中小心不要让液体渗透到设备内部。

9. 消毒剂浓度是有差异的，注意不要超过标准！

不同消毒剂选择剂量标准见表 2–6–1。

表 2–6–1　不同消毒剂选择剂量标准

类型	剂量
96% 乙醇	= 最大值 40g/100g 消毒剂
丙醇	= 最大值 35g/100g 消毒剂
25% 戊二醛	= 最大值 75mg/100g 消毒剂
乙基乙醇	= 最大值 10mg/100g 消毒剂
甲醛溶液	= 最大值 10mg/100g 消毒剂

10. 可使用蘸上清水或蘸不含乙醇的消毒剂的湿布清洗离心机的外壳部分，离心机的外壳是不防水的。内部表面是由塑

料和不锈钢组成，不要在器具的内部表面使用研磨材料，可根据医疗行业使用的程序进行清洗。

11. 试管支座可以从离心器中取出，在高压蒸汽灭菌器里进行灭菌。

第七节 种植导航设备

一、简介

种植导航设备（图 2-7-1）基于电磁定位或光学定位，可以充分利用术前 CBCT 影像数据及口内扫描数据规划种植外科手术路径，在手术过程中实时显示邻近解剖结构，对种植体植入位点和三维方向进行及时调整。对解剖结构复杂的病例可以有效避开埋伏牙、上颌窦、切牙孔、下颌神经管等解剖结构，确保种植外科手术的精确性和安全性。对于骨缺损较大、剩余牙槽嵴骨高度及宽度严重不足的病例可以实现颧骨种植技术及双颧种植技术，使种植外科技术的适应证更加广泛。导板

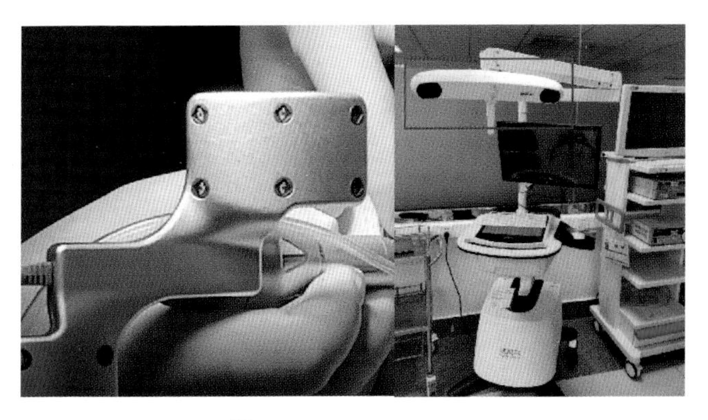

图 2-7-1　种植导航设备

与导航辅助种植方式比传统植入方法的准确性高。在有些病例中，如患者张口度小、第二磨牙区域种植等，动态导航系统的种植优势更加明显。最初因动态导航系统价格昂贵、传统 CT 的辐射剂量高等因素，动态导航没有应用于临床实践中。随着 CBCT 在口腔影像领域的发展，因其具有辐射剂量低、扫描时间短、诊断质量高等优点，它不仅用于术前诊断分析，还能结合术前计划软件进行种植规划，于 2000 年初，口腔种植领域引进第一个动态导航系统。

（一）结构

动态导航系统由硬件和软件组成，包括显示器、臂架、导航组件（发光二极管和摄像头）、监视器、键盘、鼠标和电子设备外壳。目前商用的动态导航系统均是车载移动式系统，各个系统结构类似。它们之间的区别在于用户操作界面、配准装置以及定位追踪系统。

1. 配准装置 配准装置的作用是作为 CBCT 扫描的基准点。如果是牙列缺损病例，国内动态导航系统的配准装置是 U 形管，为硬质材料，一般借助硅橡胶材料稳定附着在牙齿上；国外动态导航系统的配准装置采用 X–Clip 和连接到导航支架臂上的锯齿状的基准铝体（CT 标记），它们是含热塑性材料。若是牙列缺失病例，一般在颌骨中放置至少 4 个临时骨螺钉，作为 CBCT 扫描的无牙基准点。也有个别国外动态导航系统采用在下颌骨牙弓中央临时放置单个微型植入物，以给固定臂提供稳定的锚。由此可见，国内外动态导航系统配准方式属于有标记点配准，即 U 形管配准（牙列缺损）和骨标记物配准（牙列缺失），不同的配准方式，配准误差也不一样，各自都存在优缺点。

2. 定位追踪系统 根据定位追踪系统不同，目前存在基于电磁定位和光学定位的动态导航系统。电磁定位跟踪系统的工作原理是通过 3 个磁场发射器产生低频磁场，然后磁场探测器接收信号并定位。它存在不受实物遮挡、设备灵活、设备成本低等优点，但是其受金属物质影响，环境要求高，限制了其在临床推广。因此，目前动态导航的定位追踪系统一般选择光学定位，它是基于光学相机的立体三角测量原理。根据导航系统是否植入带有发光二极管或被动反射跟踪元件的机头，又分为主动追踪定位和被动追踪定位两种类型。相比较电磁导航系统，它不受电磁干扰，定位精确度高，但存在光学遮挡等不足，可能影响手术连续性。

（二）工作原理

国内外动态导航系统的工作原理和工作流程类似，它基于医学成像技术与光学定位技术的结合，利用运动跟踪技术跟踪植入体钻孔器械和患者颌面部位置。在手术过程中动态跟踪两个动态参考系（DRF）的运动，一个连接到患者的术区邻近或者同颌对侧的解剖结构上，而另一个连接到医生的手术器械上，使用跟踪数据计算实时引导信息，并实时显示在电脑屏幕上，以帮助种植医生将钻头引导至他们先前计划的植入位置。

二、使用与维护

（一）影像数据

在患者种植术前，将硅橡胶挤入配准装置（U 形管）内，戴上开口器 / 咬合垫防止患者咬到配准装置，配准装置戴入患者口腔缺牙区，进行 CBCT 扫描获得三维数据，并将数据上传到动态导航系统；导入后查看、检查 CBCT 数据患者信息及其他相关影像信息。如果显示效果不佳，可尝试调整对比度。

（二）牙颌分割

1. 蒙板阈值范围 一般阈值默认，可显示较好的牙齿信息，如有特殊情况，可自行调整，将需要显示的图像显示出来。

2. 在单个切片上编辑蒙板 调整 2D 冠状面图像以及轴向图像，使冠状图像中上下颌可以清晰分离。

3. 选择生长点 分割完后选择解剖生长点即选择所要种植的牙颌，点击颌骨或牙齿选定。非种植区域随即会自动隐藏。

4. 移除伪影 移动鼠标，删除3D视图患者牙齿数据中影响手术效果的部分。

5. 分割小牙 分割后可以对咬合面、舌侧形态观察更清晰。该步骤用于对影像文件进行编辑处理，使视野开阔，方便手术方案的设计。保持默认设置参数不变，直接进入术前规划步骤。其中牙颌分割主要作用为优化显示效果。

（三）术前规划

1. 全景线管理 移动Axial窗口的滑块，滑至近牙根部（距离冠根连接处1/3，即牙槽骨水平面1/2处）；然后在Axial窗口，从左至右，鼠标单击左键拾取多个控制点，拾取完最后一个控制点后，点击滚轮即完成绘制操作；控制点的连线即全景线，软件自动根据全景线模拟生成全景片，可在Panoramic视图中观察。如果对绘制的全景线不满意，可以选择重绘或调整全景线。（移动全景线控制点：单击鼠标拖动全景线上的控制点，即可改变全景线。移动全景线：鼠标左键点击全景线，选中全景线，鼠标标识变成全景线标识时，移动鼠标即可以移动全景线。）

2. 神经管管理 以颏孔为起点，在小牙片和全景片的指引下，绘制出神经管，并根据CT影像估算神经管的直径；创建神经管后可以对神经管进行删除、添加控制点，修改神经管的颜色、直径、可见性。

（四）种植设计

1. 口扫模型STL数据配准 导入上下颌的口扫STL文件，调整CT图像的阈值，使牙冠看起来更清晰更接近口扫模型里的牙冠；然后分别在口扫窗口和CT窗口上的缺牙位置邻牙的牙冠上选择标记点。程序将计算口扫模型到CT模型的配准，并自动将其匹配到CT窗口中，方便用户观察配准结果。

2. 创建种植体 / 牙冠 在全景视图中，鼠标选中拖动排列在视图中种植体模型到需要放置的种植体 / 牙冠的位置；打开种植体库，用户可以根据需要选择种植体系统；打开碰撞检测功能（可在植体周围看到一圈线），默认碰撞检测距离为 1mm（植体与碰撞检测线圈距离为 0.5mm，也可在设置中调整距离值）；检测种植体是否与其他物体发生碰撞，若在操作过程中设备发出警报或者视图中有红色碰撞标识产生，则应及时移动种植体以避开其他物体。

3. 种植体 / 牙冠位置调整

（1）切换至种植视图，在 iCoronal、iSagittal 和 iAxial 三个 2D 视图中可以通过调整十字线，查看种植体周围的影像情况。

（2）平移、旋转种植体，或者在 3D 视图调整种植体的位置，直至将种植体调整至预期理想的位置。

（3）测量距离按钮后可测量植体与邻牙、颊舌侧骨壁等距离。

（4）种植体平行功能：可将当前种植体与目标种植体设置平行，确保多点位种植体在空间中角度一致。

4. 设置标记点

（1）添加手机及钻头：将手术使用的手机按文件名添加至手机列表，完成后关闭对话框。

（2）设置标记点：手动或自动选择氧化锆小球、U 形管（即配准装置）、钛钉。

5. 导出临床报告 可将基本信息进行输入，导出 PDF 格式临床治疗方案报告。包括患者颌骨信息，种植计划在三维视图、冠状面、矢状面、横断面的位置，虚拟牙冠信息，患者基本信息。

（五）实时导航

1. 手术器械选择

（1）选择手机和钻头：点击“选择手机和钻头”按钮，在“手机列表”和“钻头列表”中选择要使用的手机和钻头。

（2）选择参考板：点击参考板下拉框选择要使用的参考板（参考板编号标注在参考板正面）。

2. 标定参考板

（1）注意手术器械和参考板是否在定位仪的监测范围内。

（2）标定前调整手机头与定位器的角度，确保定位器正向导航仪，不同的术区手机与定位器角度不一样。

（3）标定时确保长短钻在标定孔内，使手机定位器以及参考板定位器尽量朝向导航仪，标定时手机三个面都收集到位，直到点采集结束，得出标定的长球钻球心偏移结果。

（4）标定时需采用规范手势，使得参考板和手机处于稳定识别的状态，并且球形钻头始终紧贴半球形凹槽，切换钻头时软件需同步切换钻头，当标定结束后手机头不可以再旋转。

3. 导航

（1）切换钻头，软件内置约 30 个种植品牌钻针库数据。点击“切换钻头”，选择进行种植窝制备的钻针。

（2）在种植体选择下拉框中选择当前种植体（如有多颗）。

（3）术中能实时追踪钻针三维位置并实时显示在电脑屏幕上。

（六）标记点选择

CBCT 与口扫 STL 数据两个图像相同序号标记点位置必须术区同颌及位点相近。至少需要 4 个标记点。如果术区近远中牙位不足 4 颗，也可以在一颗牙上选择多个标记点。标记点尽量选在牙尖上，不要靠近牙龈。缺牙区近远中相邻牙位上要有标记点。

（七）选择截面

可通过旋转 iAxial 视图中的十字线，在 iCoronal 视图中观察种植体周围骨质的情况；可通过选择 iCoronal 视图中的横切线，在 iAxial 视图中观察种植体在某一切面上的情况。

（八）钻针

实际所用钻针规格需与软件中所选的一致。

（九）适应证

不翻瓣种植；邻牙牙根距离过近；去骨量需要严格控制（如去骨导板）；需要精确的植入角度，如美学区种植或螺丝固位修复体；需要严格控制植入深度，避免损伤神经、上颌窦黏膜，进入上颌窦底或鼻底以获得双层皮质骨固位。

（十）维护

1. 设备外壳清洁

（1）设备清洁前请切断电源。

（2）清洁导航仪、显示器时，请使用干净的软布料进行擦拭，用乙醇湿巾或其他消毒湿巾进行表面擦拭清洁消毒。

（3）清洁设备外壳时，请勿直接将清洁剂或消毒剂直接喷洒在设备上，防止其通过设备缝隙泄露，损害系统电路，造成系统无法使用。切勿大力擦拭，避免刮花传感器。

2. 种植手机

（1）手机出水孔应根据手术量定期清理疏通，避免堵塞。

（2）手机每次使用后，请务必使用专用清洗剂对手机内外进行初步清洁消毒。清洁手机前请务必戴好防护工具，如一次性手套、口罩等。将清洗剂喷嘴对准手机尾部，按下开关 1~2 秒，看到从手机前嘴喷出的液体由浑浊变为透明即可。准备一块洁净柔软的布，将清洁剂喷在布上，均匀擦拭手机表面。

（3）清洁手机完毕后使用专用润滑剂为手机注油润滑。戴好防护工具后将润滑剂喷嘴对准手机尾部，按下开关 1~2 秒即可。用洁净柔软的布将手机表面的残留液擦干净。手机在适当的速度（300~500rpm）下运转 10~15 秒，使润滑剂在手机内均匀铺开。

3. 定位器 / 参考器

（1）定位器 / 参考器每次手术使用后，用乙醇或者消毒布擦拭去除表面血渍或有机物。目测定位器及参考器外观正常，连接线外观正常，可进行打包消毒。

（2）定位器 / 参考器宜采用低温过氧化氢等离子体灭菌，切勿浸泡消毒！

4. 导航器械盒　除手机定位器及参考器以外的其他导航器械及工具盒，可以根据 WS506-2016 口腔器械消毒灭菌技术操作规范进行表面处理，手工清洗或机械清洗后整体打包，采用低温等离子灭菌或者高温高压蒸汽灭菌，可采用 134 灭菌程序或者 121 灭菌程序。手机定位器、参考器为高精密导航部件，器械虽可耐热耐湿，但有膨胀的风险隐患，故推荐首选低温灭菌方式。若采用高温高压灭菌方式需记录灭菌次数，并在规定次数内进行精度验证。

5. 导航仪支臂检测

（1）检查导航仪支臂力度，悬停在某一位置是否稳定。

（2）检查导航仪固定支架是否稳定。

6. 长期未使用设备请按以下步骤进行操作

（1）检测设备线缆外观是否有破损。

（2）打开设备总开关、导航仪开关、电脑开关进入软件预热 2 小时。

（3）检查确定可正常使用设备。

（4）关机，顺序为：退出软件 – 关闭电脑开关 – 关闭导航仪开关 – 关闭总电源。

第八节 口腔种植机器人

一、简介

口腔种植机器人（图 2–8–1）融合了医疗手术机器人与口腔种植的相关技术，综合应用视觉传感、力学传感、三维可视化和微型机器人等技术，实现了三维数字图像重建、重要解剖结构的测量与判读、工作路径的规划、术中实时导航，以及机器人完成操作等功能，同时还在软件中嵌入多级安全策略，能保证机器人安全顺利地完成种植手术。口腔种植手术机器人系统可以归纳为两部分：种植术前规划系统和种植手术实施系统。

（一）种植术前规划系统

该部分由手术规划与仿真平台构成，主要内容是基于 CBCT 和口内扫描数据的三维可视化种植术前规划系统，以实现颌骨三维分析、辅助测量、模拟种植及手术机器人末端执行器工作路径的制定。功能需求及技术方案包括三维数字图像重建功能、测量功能、工作路径制定功能。

（二）种植手术实施系统

该部分由小型模块化口腔种植机械臂平台、视觉跟踪平台、空间映射模型、多信息融合的系统控制平台组成，利用视觉跟踪平台，实时采集患者口腔、手术器械、机器人的位置和图像，用来实时更新手术导航的环境，实现实时的医学影像手术导航；采用小型模块化机器人技术串并联口腔种植机械臂平台，用来在狭小空间实现机器人的口腔种植手术操作；采用最近点迭代算法，搭建机器人空间、患者空间、导航图像空间之间的坐标映射模型，为实时导航提供平台，采用智能控制技术，研究视觉伺服、力伺服和位置伺服控制模块。在此基础上，将多信息融合和根据基于主动约束的安全控制策略，搭建多信息融合的系统控制平台，实现安全精密的口腔种植操作，并进行全程手术相关参数与过程的记录。

各类种植机器人特点对比见表 2-8-1。

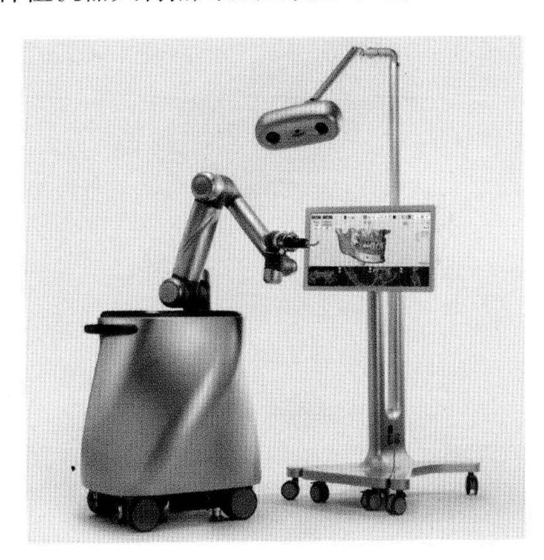

图 2-8-1　口腔种植机器人

表 2-8-1　各类种植机器人特点对比

品牌	机器人型号	机器人类型	目标定位方式	外部设备	机器人反馈	人机交互方式	人机协作等级	核心进步
Pires	ABB IRB2400	工业机器人	无	无	不明	操作者设置目标	人机合作	实验验证机器人植牙可行性
Sun	三菱 MELFA RV-3S	工业机器人	接触式坐标测量	CMM 设备	可视化位姿反馈	操作者设置目标	人机合作	接触式测量定位术区
赵铱民	Universal Robot UR5	轻型协作机器人	光学坐标定位	光学定位设备口部定位标记	可视化位姿反馈	操作者设置目标	人机合作	光学定位及自动化种植
Yomi	自研机器人	轻型协作机器人	接触式坐标测量	CMM 设备口腔连接模块	可视化位姿反馈位移限制反馈力反馈	机器人辅助操作者定位，限制操作者进行错误动作	人机协作	人机合作保证种植精度

二、使用与维护

（一）医患沟通

基于患者基本情况，并与患者充分沟通后，决定是否计划应用种植牙机器人进行种植义齿修复。

（二）前期数字化准备

首先导入患者的 CBCT 和口扫数据，进行手术规划，选取种植体。利用种植机器人软件设计多模块，选择定位板、开口器、吸唾器设计模块。利用 3D 打印完成机器人所需配件。

（三）术后评估

利用软件中术后评估功能，可以对术前规划种植体的位置和术后实际的种植体肩部偏差、根部偏差、角度误差进行评估，同时对种植进行临床测评。

（四）坐姿调整

使用坐姿进行手术，防止冷却水倒流产生危险。

（五）脚踏控制

集成脚踏开关控制，使用一个脚踏开关同时控制机器人和牙科种植机，防止脚部动作误操作。

（六）集成种植机

集成种植机，通过软件对种植机直接控制，避免误操作导致种植工具转速、冷却水控制和机器人运动不协调造成危险。

（七）使用原厂手机

不对手机进行任何二次加工，避免二次加工导致手机零件变形影响传动；避免产生不易进行清洁灭菌的缝隙或粗糙加工面；避免过程加工产生存在生物相容性问题的材料。

（八）随动控制

机械臂跟随患者头部微动，避免手术过程中因微动产生危险。

（九）快速拆装

设计了快速拆装末端执行结构，可短时快速、方便地拆下末端执行结构。

第九节 种植体活化仪

一、简介

种植体活化仪（图 2-9-1）是利用光催化原理实现种植体表面快速亲水化的设备，可通过加快并优化种植体与骨结合来降低在关键稳定性低谷期治疗失败的风险。该设备在提升亲水种植体骨结合效果的同时，大幅降低亲水种植体的价格，从而让亲水种植牙走近了更多的缺牙患者。

种植体活化仪的原理是经过短时间内的光催化，生成强氧化性的羟基，种植体表面的碳氢化合物被氧化分解，导致液体在重力和张力的作用下铺展开表现出亲水特性。此外，钛种植体表面活化后呈现正电性，体液环境中蛋白质和细胞表面呈负电性，呈正电性的钛表面发生静电作用从而促进了早期种植体表面蛋白质和细胞黏附。同时，紫外光(UV)照射能量超过 3.2eV 时，钛表面会释放电子，产生氧空穴，水分子被不断地吸引形成物理吸附层，进一步实现超亲水的效果。再者，光催化反应能够提高早期抗菌性。光催化的表面被证实更能吸引成骨细胞的黏附和同时促进细胞分化与增殖，进一步缩短种植骨结合时间至 1 个月，提高骨结合率，扩大种植适应证。

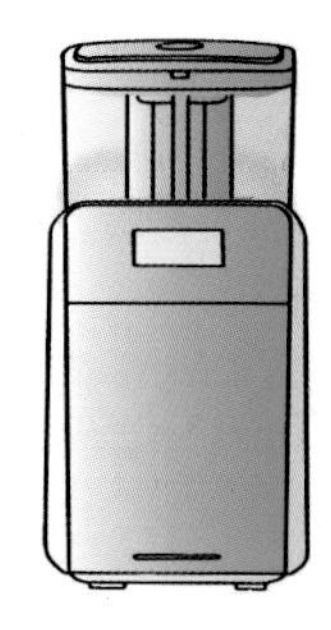

图 2-9-1　种植体活化仪

钛表面激活原理见图 2-9-2。

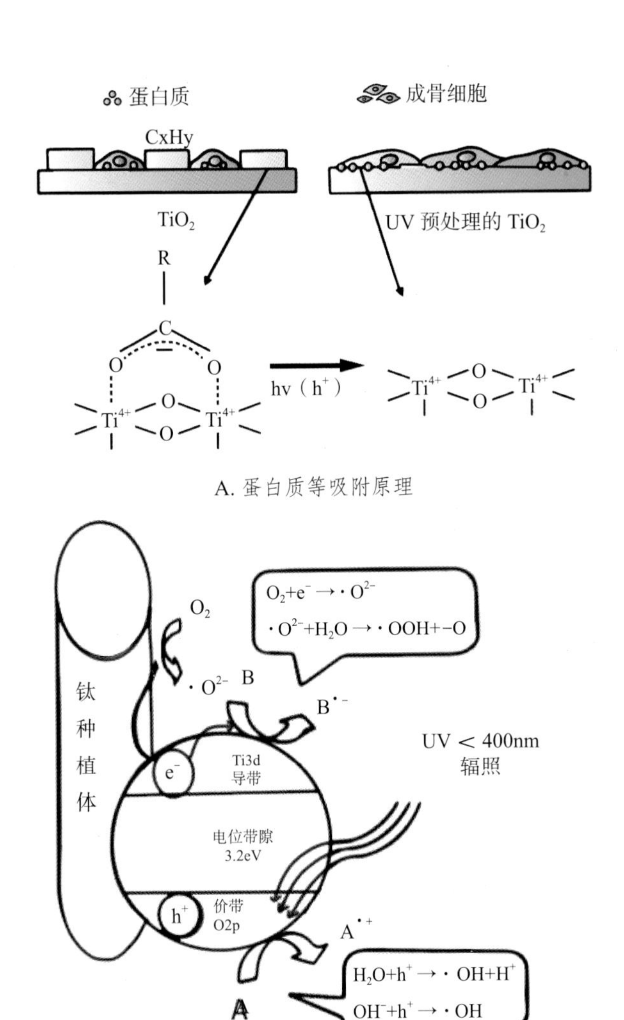

图 2-9-2　钛表面激活原理

二、使用与维护

（一）预设

正式使用前需要在“设置”中提前预设各品牌植体活化数据。

（二）减少植体暴露

钛表面暴露于空气中瞬间可在材料表面形成 TiO_2，随时间增加而出现生物活性降低，这种现象称为钛生物表面钝化，故应减少活化后暴露于空气中的时间。根据植入时间提前活化种植体，不要过早活化，以免发生表面钝化。

（三）植体活化方法

常见的种植体表面活化处理多采用减法或加成的方式在种植体表面构建微观形貌或生物活性涂层。大颗粒喷砂、阳极氧化、酸蚀处理、钛浆喷涂、微弧氧化、激光熔附、溶胶凝胶、羟基磷灰石涂层、各类耦联接枝蛋白的生物活性涂层、抗菌药物的加载等方法均被运用到种植体表面改性的实验室和临床研究中。提高种植体表面性能的方法很多，其中亲水性能的提高为主要研究热点。

（四）无菌操作

在夹取种植体时采用无菌镊。

第三章

修复（单元）设备

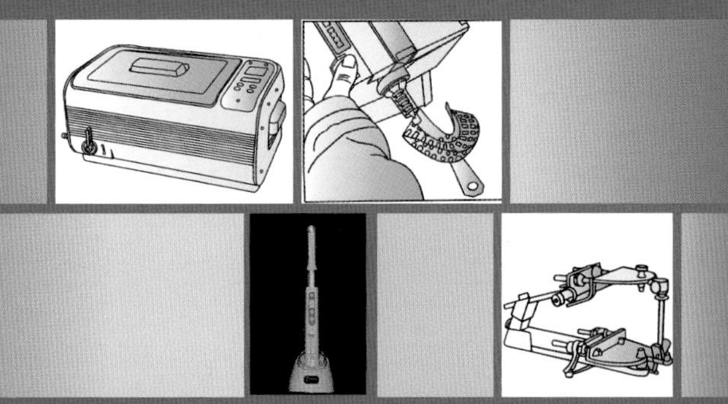

第一节　硅橡胶 / 聚醚橡胶印模材料自动混合机

一、简介

硅橡胶 / 聚醚橡胶印模材料自动混合机（图 3–1–1）是用于搅拌印模材料的设备。部分机型为适应不同医生的习惯，搅拌机会有多种不同的操作速度。所有操作速度皆由电子控制管理，确保搅拌材料时速度均匀一致。

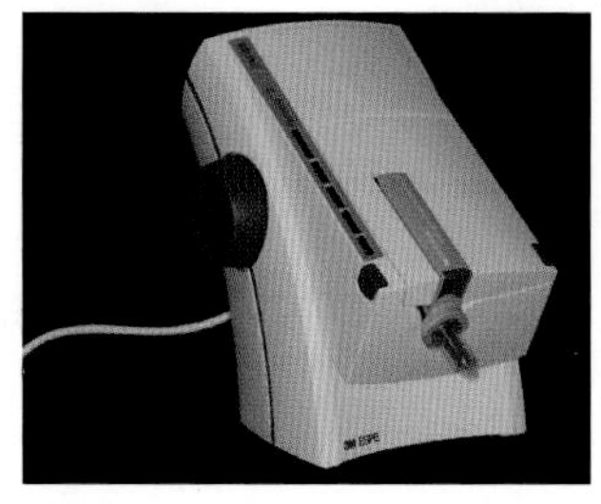

图 3–1–1　硅橡胶印模材料自动混合机

二、使用与维护

（一）使用流程

1. 使用前应将机器放在平面上并连好电源，打开电源开关，并安插好装有印模材料的弹药筒。

2. 设置好合适的操作速度，选用合适的托盘，装载材料时托盘倾斜（图 3–1–2）。

3. 轻轻将托盘倾斜放置在搅拌头下方装载材料。为避免产生气泡，整个使用过程中搅拌头头部应该浸入印模材料（图 3–1–3）。

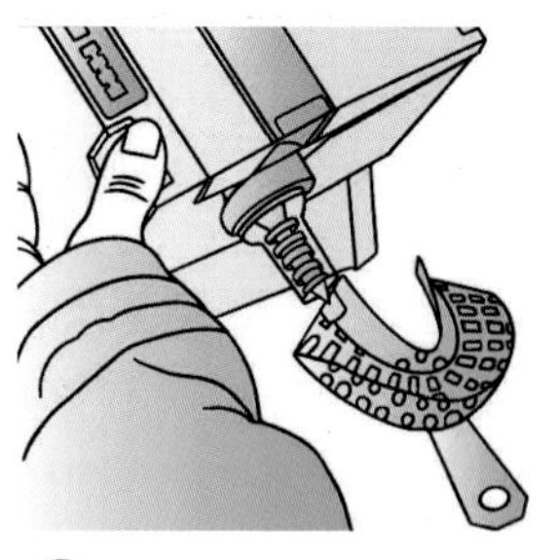

图 3–1–2　装载材料时托盘倾斜

4. 保留每次使用后的搅

拌头，留在弹药筒上，其可作为防护帽保护材料，每次混合之前，安装新的搅拌头。

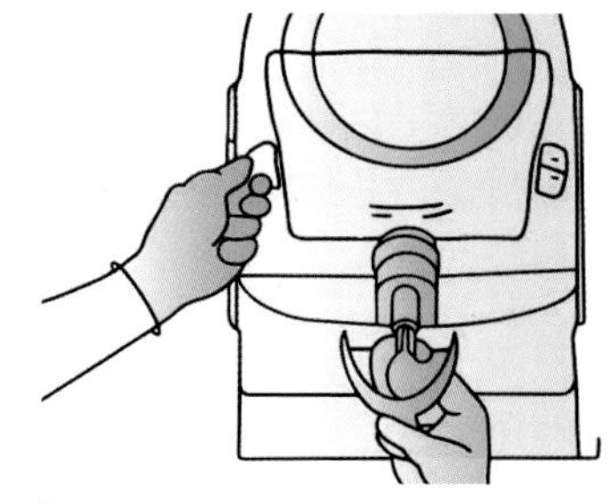

图 3-1-3 搅拌头头部浸入印模材料

（二）注意事项

1. 聚乙烯基硅氧烷（硅橡胶成分）接触乳胶手套之后会发生凝固缓慢。因此最好避免硅橡胶材料与乳胶手套接触。建议仔细洗手以消除污染物残迹或者使用 PVC 手套。

2. 聚乙烯基硅氧烷染色牢度很高，操作时注意避免污染衣物。

3. 如果机器在 +10°C/50°F 以下储存，操作前应先让机器恢复到室温，否则凝结的水珠可能会造成机器短路。

4. 请使用接地线插座。如果使用插线板连接，请确认已接地线。

（三）维护保养

1. 推盘脏污或损坏时请清洁或更换推盘。

2. 清洁和消毒注意事项

（1）清洁和消毒搅拌机前请拔下电源插头。

（2）使用软布和温和的清洁剂清洁机器。不使用含溶剂或者粗糙的清洁剂，否则会损坏机器的塑料部件。可以使用含乙醇的消毒剂。

（3）不要将清洁剂渗入到机器中。

（4）使用普通的消毒湿巾消毒机器及电源线。

第二节 超声清洗机

一、简介

超声清洗机（图 3-2-1）主要用于口腔器械和小型手术器械的清洗，也可用于口腔修复体，如烤瓷、金属冠等几何形状复杂的高精密铸造件的清洗。

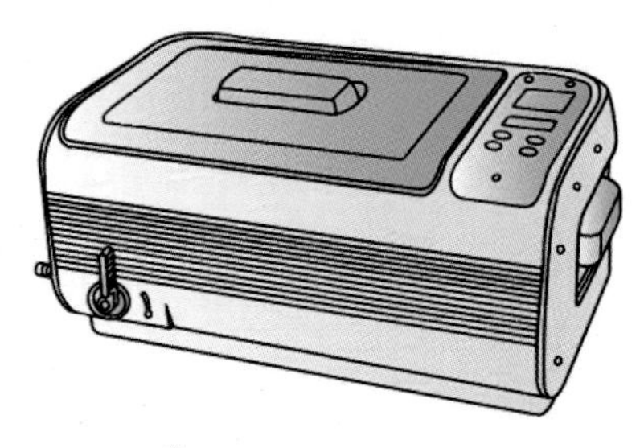

图 3-2-1 超声清洗机

（一）工作原理

超声清洗机主要利用超声波空化冲击效应进行清洗。在使用过程中超声清洗机内部发出的超声波会产生无数细小的空化气泡，空化气泡破裂产生冲击波，被称为“空化”现象。这种“空化气泡”附着在被清洗物体表面，气泡破裂可形成超过 1000 个大气压的瞬间高压。这些连续不断产生的瞬间高压就像一连串小“爆炸”，不断地冲击物件表面（包括穿透到被清洗物的另一侧表面），使物件表面及缝隙中的污垢迅速剥落。同时，超声波还有乳化中和作用，能更有效地防止被清洗掉的油污重新附着在被清洗物件上。

（二）临床应用

超声清洗机在口腔医院或诊所常用于口腔器械和小型手术

器械的清洗，通过加酶或添加专用清洗液，可以有效地清除血渍、污渍；也常用于口腔修复体，如烤瓷、金属冠等几何形状复杂的高精密铸造件的清洗。

二、使用与维护

（一）使用流程

1. 按比例加入酶或清洗液，注水量应在最低水位线（Min）和最高水位线（Max）之间。

2. 打开电源开关，按要求放入所需清洗物件，设置清洗溶液温度（一般不超过 45℃），按启动按钮开始加热。

3. 加热完成，用设置选择键设置超声时间，按启动键进行超声清洗。

4. 清洗完成，排水，用清水清洗物品。

5. 取出清洁物品，关闭电源，检查排水管是否接好，确认后排出脏水，擦干清洗槽，关闭排水阀。

（二）维护

1. 不能使用易燃溶液及发泡洗涤剂，只能使用水溶性洗涤剂；使用清洗酶时要做好防护，酶会伤害人体皮肤和组织。

2. 加入清洗液不宜过满，水位在最低水位线（Min）和最高水位线（Max）之间。

3. 物品必须装在篮筐里面进行清洗，离超声清洗机底部应有一定距离。

4. 机洗之前应先手工粗洗，残留在器械表面的明显血液、组织碎片的污染物主要成分是蛋白，蛋白会吸收超声波的能量，从而降低超声清洗机的清洗效率。粗洗后注意不要将杂质带到清洗槽内。

5. 镀铬、乌木、光纤元件以及塑料、软木、玻璃、铝等制品都不适于超声清洗，因为超声清洗机会对这些器械造成伤害。比如超声清洗可能会将光亮的铝变得灰暗，不锈钢器械一般可以超声清洗，但其他材质能否可以超声，还是需遵循厂家的使用说明。

6. 在器械和清洗剂厂商没有特别说明的情况下，超声清洗器械的水温一般介于27~43℃之间，水温过低无法导致多酶激活，清洗的效果会大大降低；水温过高，若超过60℃会使蛋白质凝固，使之更加难以去除。

7. 超声前要排气，因为在填充水的过程当中会产生过量气泡，这些已存在的气泡会阻碍超声波能量的传递。

8. 排水时应通过排水管，不要将设备倾斜倒水。

9. 精细的器材如牙科手机、气动或电动马达和镀铬的器械不宜使用超声清洗机清洗；有螺丝钉的器械在清洗过程中可能松动，清洗后应注意检查，并予以紧固。

10. 长时间使用可能导致仪器过热，连续清洗45分钟后，建议停机20分钟，以延长仪器寿命。

11. 请勿直接用水清洗外机，请用毛巾擦拭。

12. 请勿在机内没有水时操作，干烧可能导致机器损坏。

第三节 面弓

一、简介

面弓是牙列与关节位置关系的转移工具。它通过前参考点及两个后参考点确定参考平面，然后记录上颌牙列与参考平面的相对位置关系，将该关系转移至配套㧟架上。常用的面弓参考平面包括眶耳平面、鼻翼耳屏面及水平面。

（一）结构

面弓由弓体、㧟叉（图3-3-1）、外耳道定位器、鼻托及万向关节（图3-3-2）组成。弓体确定参考平面，㧟叉与上颌牙列紧密贴合，通过万向关节将㧟叉与弓体连接，从而完成上颌牙列与颞下颌关节之间位置关系的记录。

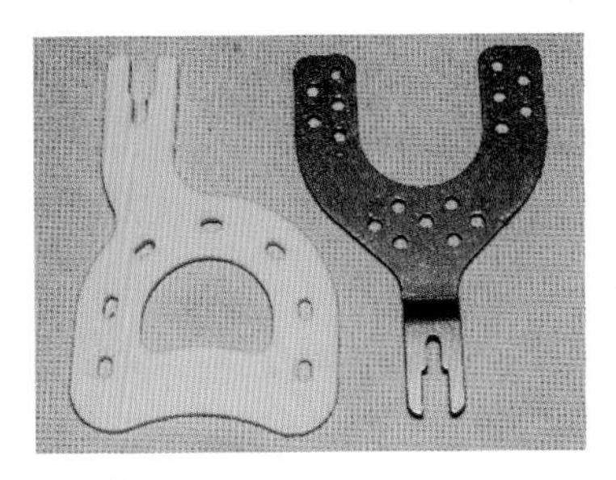

图 3-3-1 不同材质的𬌗叉

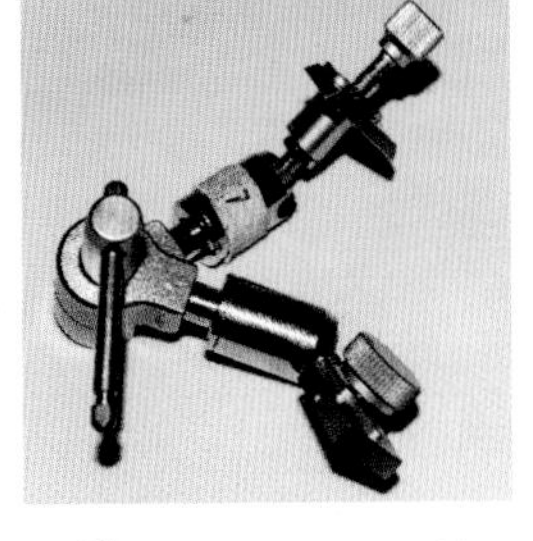

图 3-3-2 万向关节

面弓的参考平面由前参考点和左、右两个后参考点这三点确定。

1. 前参考点 常用的前参考点有三个，可分为以下两类。

（1）根据解剖标志确定的参考点——眶下点及前鼻棘点：这两点均为骨性标志点，眶下点是眶下缘的最低点，前鼻棘点是前鼻棘骨性结构的尖端。临床操作时一般通过软组织结构辅助判断这两点。

（2）根据平面确定的参考点——水平面点：该点并不存在与之对应的实际解剖结构，而是通过耳点所做水平面的平行线与面前部相交所得。在头部自然放松状态下，此交点通常位于鼻尖位置。

2. 后参考点 双侧后参考点通常选取的是铰链轴点。解剖式面弓转移上𬌗架一般采用平均铰链轴。

采用面部解剖标志点确定的铰链轴，称为平均铰链轴，是解剖式面弓转移上𬌗架的基础。用于定位平均铰链轴点的解剖参考标志包括外眦、耳屏点、耳屏以及外耳道（图 3-3-3）。其中学者们对于耳屏点及耳屏的定义存在差异：耳屏点可以被定义为耳屏的上缘点、下缘点或者中点；耳屏的定义也可以使用耳屏后缘垂线、耳屏前缘垂线甚至耳屏上缘水平线。目前常见的解剖式面弓多通过外耳道支撑球固定，平均铰链轴点定于支撑球前 10mm，方向由面弓侧臂决定。这样的设计可以获得较好的可重复性。

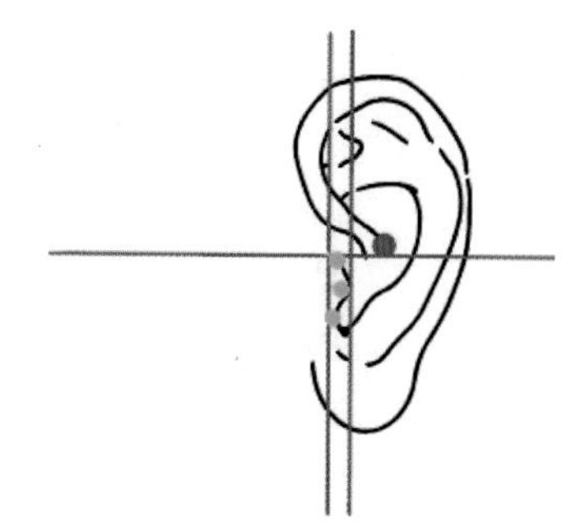

图 3-3-3　各参考点示意图

连接眶下点与平均铰链轴点，即形成眶耳平面（FH 平面）。GAMMAR 面弓与卡瓦面弓采用眶耳平面作为转移的参考平面；经过后参考点做地平面的平行线，即形成水平面，吉尔巴赫面弓采用水平面作为转移的参考平面；连接前鼻棘点与平均铰链轴点，即形成鼻翼耳屏线，或称为 Camper 平面，卡瓦面弓在采用眶耳平面作为参考平面的同时，也可以采用鼻翼耳屏线作为转移的参考平面。配套殆架系统对应不同参考平面有不同的参数设置（图 3-3-4）。

采用水平面作为参考平面的面弓及配套殆架系统在进行前牙修复体制作时，模型上颌前牙的角度与患者头部自然放松时观察到的角度一致。但是由于水平面是通过单点的平行线决定，会受到头部位置的影响，也就是面弓转移过程的可重复性可能受到头部姿势的影响。吉尔巴赫 Artex 面弓采用水平面作为参考平面，厂家操作手册上建议使用时需要维持面弓体侧臂与地面平行。

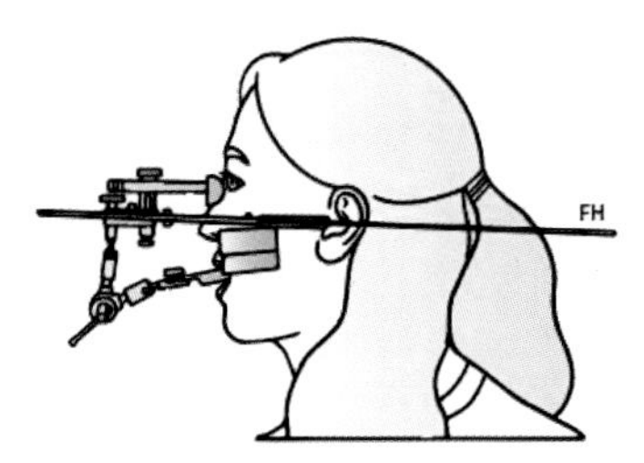

A. GAMMAR 面弓以眶耳平面为参考平面

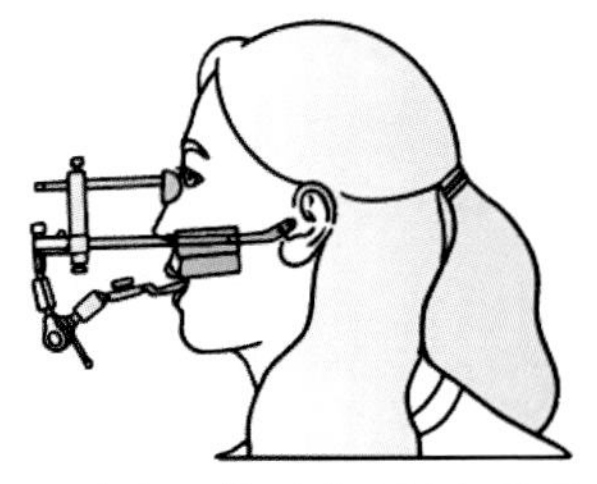

B. 吉尔巴赫面弓采用水平面作为参考平面

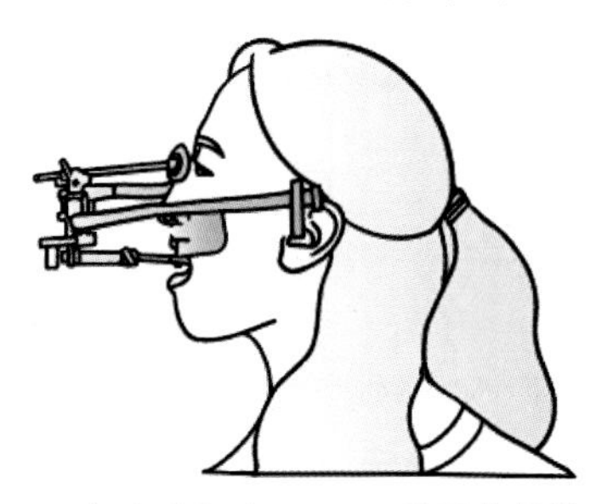

C. 卡瓦面弓以 Camper 平面或眶耳平面作为转移的参考平面

图 3-3-4　眶耳平面

二、使用与维护

（一）面弓获取上颌牙列与参考平面的相对位置关系

1. 首先将𬌗叉于患者口内试戴，根据患者牙弓情况决定其放置的近远中及矢状向位置，以确保左右侧及前牙区都能够获得足够支持。放置𬌗记录材料，将𬌗叉旋转放入口内，双手在双侧磨牙区轻轻均匀加压，决定位置之后可以参考上颌中切牙切缘及上颌中线位置做标记，方便再次就位。

2. 𬌗记录材料放置的位置至少要保证左、右侧后部及前部三点分布。如果需要可以在前部增加一点形成四点面式分布

（图 3-3-5）。不建议将殆记录材料放置于整个殆叉表面，否则有可能由于材料跨度过大，硬固过程中产生微小形变，增大误差。

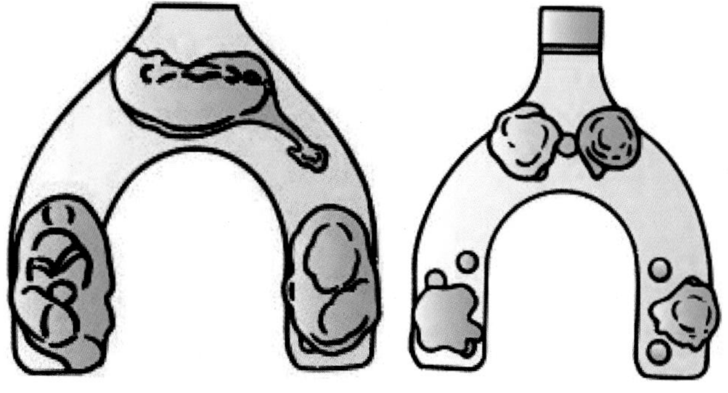

A. 殆记录材料三点分布　　B. 殆记录材料四点分布

图 3-3-5　殆记录材料分布

3. 将带有上颌牙列咬合印迹的殆叉与万向关节准确连接。先在垂直向上将万向关节与殆叉的口外沟槽正确匹配，再在水平向上将万向关节推到殆叉沟槽止点，然后翻面确认万向关节准确就位于殆叉的沟槽，最后锁紧万向关节螺钉。

4. 面弓就位以面弓品牌对应参考平面为参考，将已组装了鼻托的面弓体通过双侧外耳道定位器及鼻托三点初步固位于颌面部。微细调整后，从正面检查保证面弓体横杆与双侧瞳孔连线平行，侧面确认面部解剖标志点与面弓相应的参考点准确对位。

5. 连接殆叉记录上颌牙列相对于铰链轴的空间位置，将连有万向关节且带有上颌牙列咬合印迹的殆叉再次口内就位。将万向关节连接至面弓后，再次从正面检查面弓的平行度，从侧面确认面弓的参考点。准确无误后，锁紧万向关节与面弓的连接螺钉。

6. 取下面弓锁紧的万向关节，确认无误后，尽快松开鼻托定位螺钉，收回并固定鼻托；然后旋松面弓体宽度调节螺钉，取下面弓体，随后卸下万向关节。

7. 转移上颌关系至殆架，从面弓上取下带有殆叉的万向关节，此时万向关节的空间构象记录就是通过铰链轴的参考平面（代表头颅）与上颌牙列的相对空间位置关系。将这一位置关系转移至殆架有两种方法：一是将连有万向关节的面弓直接与殆架连成一个整体，完成转移；二是取下万向关节通过转移台或转移杆与殆架相连完成转移，这两个方法的最终效果是完全一致的。

（二）面弓转移上殆架

面弓转移上殆架见图 3-3-6。

（三）转移

通过正中咬合记录将下颌模型转移至殆架上。

（四）注意事项

1. 不同面弓系统所选择的参考平面存在差别，且与其配套殆架系统相对应。医师在使用之前需要明确该参考平面；若面弓选择的参考平面不能与殆架系统相对应，则会人为造成转移过程中的误差，影响模拟效果。

2. 参考平面通过鼻托及双侧外耳道支撑球与面弓体的几何关系确定，这一几何关系的数值依据是人群均值，可适用于多数患者。但若患者存在明显的面部发育异常（如颜面左右发育不对称，面中部明显发育不足等），应用过程中会存在误差。

3. 当殆记录材料使用咬合记录硅橡胶材料时，需要特别注意控制就位压力不能过大。由于材料硬固之前具有一定的流动性，非常容易出现就位压力过大，咬穿殆记录材料而暴露殆叉金属面的情况。这样一方面会造成牙列印记过深，模型就位时需要进行大量修整；另一方面金属面暴露的部位可能会形成支点，造成模型就位时的翘动。

4. 锁紧万向关节之前，需要再次确认面弓体及殆叉的位置没有发生改变。对于限位连接模式的万向关节，可以于口外先

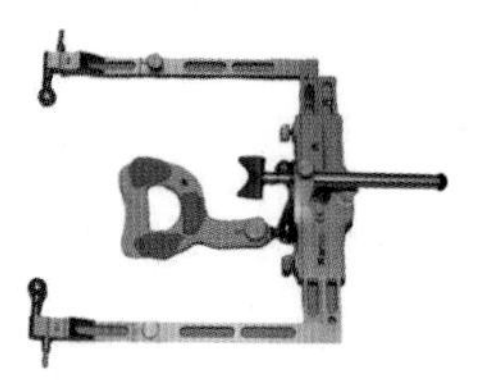

A. 取好的面弓

B. 转移台

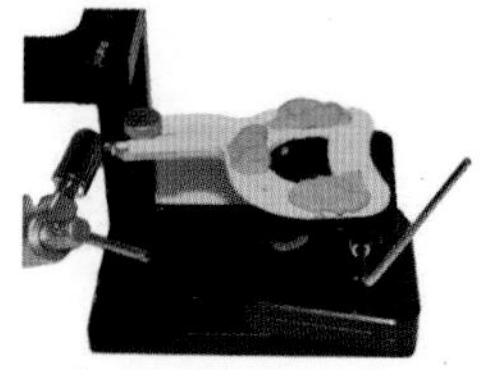

C. 将万向关节和殆叉一起转移到转移台上，调整殆叉和转移台台面的距离

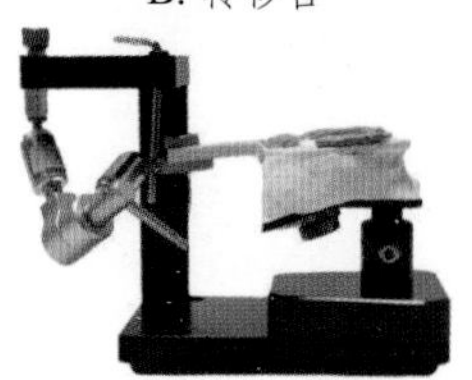

D. 用零膨胀石膏将殆叉与转移台台面固定

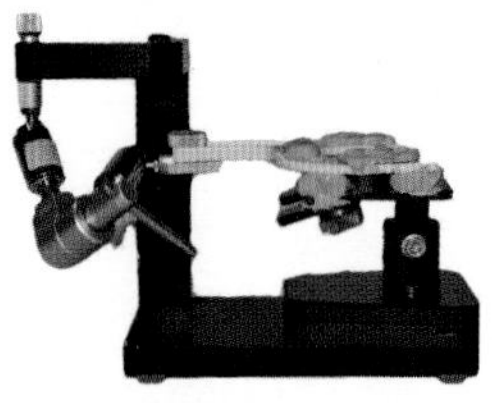

E. 用咬合硅橡胶将殆叉与转移台台面固定

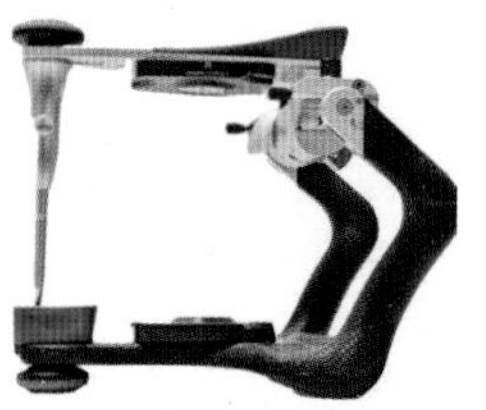

F. 全可调殆架

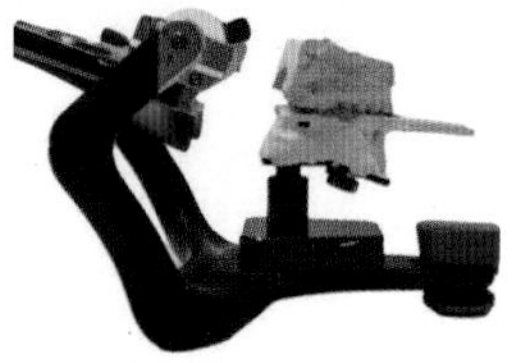

G. 将万向关节取下，转移台上部取下，将其置于殆架下颌体架环处。上颌模型通过殆叉上的殆记录就位

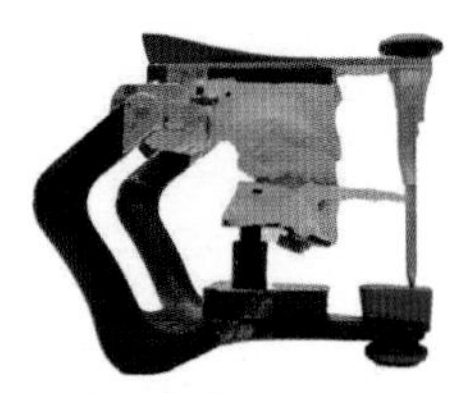

H. 用石膏将上颌模型与殆架相连，面弓转移上殆架完成

图 3-3-6 面弓转移上殆架

行连接好殆叉，再将殆叉与关节一起放入口内。

5. 万向关节锁是最后进行调节的。锁紧时需要注意方向，尽量偏向一侧，避免过于靠近中线位置，影响后续上殆架过程中切导针的放置。一定要锁紧到位，比如卡瓦面弓的万向关节，可分为两档，分别起到固定殆叉及锁死关节的作用。

6. 每次使用后，都要对整个面弓消毒，殆叉必须灭菌。

第四节 殆架

一、简介

（一）结构

殆架的基本结构设计大致相同，主要组成部分包括上颌体、下颌体、关节结构以及切导盘和切导针。

（二）分类

此分类于1972年在美国密歇根大学的国际修复研讨会上被提出，与会学者们建议依据功能及调节方式的不同将殆架分为以下四类。

1. 简单殆架（图3-4-1） 也有人将其称为不可调节殆架、单向运动式殆架。该类殆架的上下颌关系通过单一颌位关系记录确定，只能模拟下颌的开闭运动，但这种开闭运动与患者真实运动曲线存在差异。

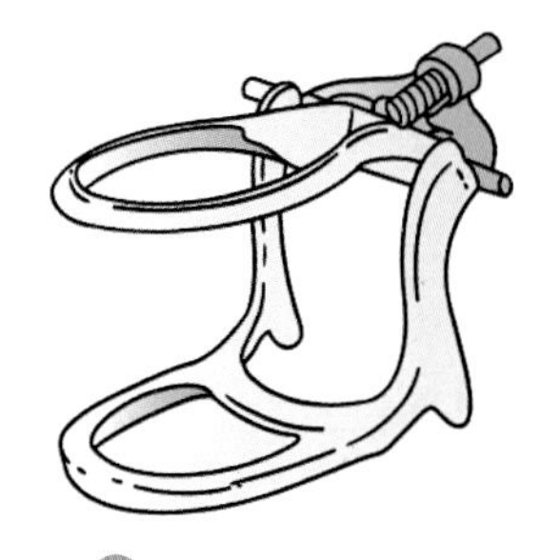

图3-4-1 简单殆架

2. 多向运动式殆架（图3-4-2） 该类殆架除开闭运动外，还可以模拟前伸及侧方运动。依照运动方式设计的不同又分为以下三类。

（1）第一类：平均值殆架，

以 Bonwill 三角原理为参考。这类𬌗架设置固定的髁间距及固定的前伸、侧方髁导斜度。上颌模型既可以参考 Bonwill 三角原理按照平均值放置，也可以进行个性化的面弓转移。

（2）第二类：该亚类非正中运动的模拟基于各种多向运动理论的计算（如 Monson 球面理论等），不能进行面弓转移。最有代表性的是 Monson 𬌗架与 Hall 𬌗架。

（3）第三类：以 House 𬌗架为代表。其各个方向上的运动设置是通过对患者特定口内记录完成的，不能进行面弓转移。

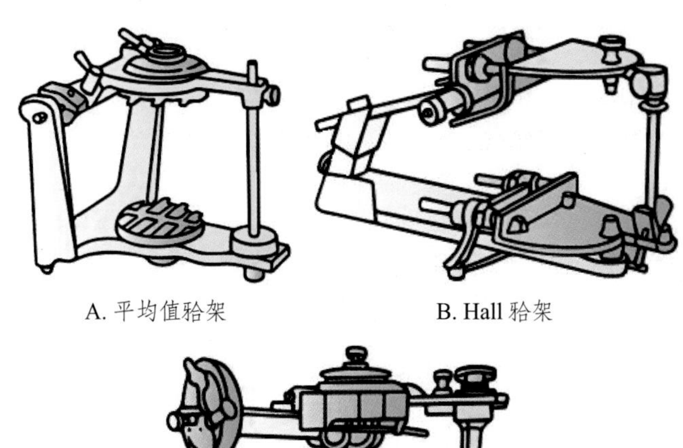

A. 平均值𬌗架

B. Hall 𬌗架

C. House 𬌗架

图 3-4-2　多向运动式𬌗架

3. 半可调𬌗架（图 3-4-3） 该类𬌗架一般均有配套的面弓系统，可以实现铰链轴位置的转移，从而解决前面两类𬌗架模拟的开闭运动曲线与患者实际开闭口曲线不一致的问题。前伸髁导斜度及侧方髁导斜度均可以调整。

有的半可调𬌗架设定时，前伸髁导斜度通过口内获取的静态前伸颌位记录获得；侧方髁导斜度一般通过 Hanau 的经验公式（L=H/8+12）计算所得。

而有的半可调𬌗架设定时，前伸髁导斜度及侧方髁导斜度均可以通过口内获取的前伸及侧方运动的静态颌位记录获得。

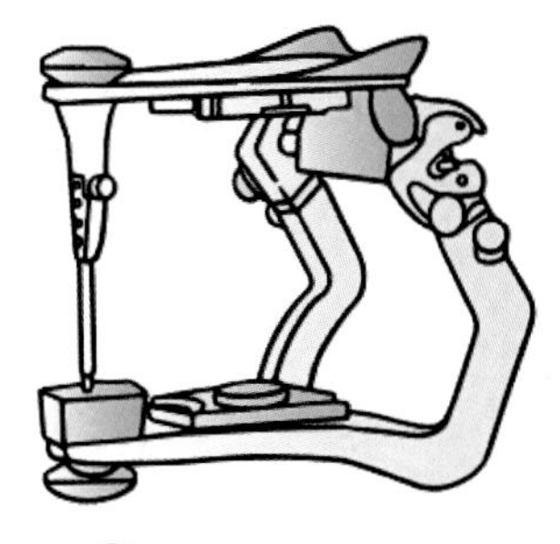

图 3-4-3　半可调𬌗架

4. 全可调𬌗架　该类𬌗架通常使用配套的运动面弓，其参数设定依据下颌三维动态的记录。除前伸、侧方髁导斜度等数值调整外，通过对于髁间距、髁球运动轨迹、迅即侧移等调整，最大限度地模拟患者个性化功能运动特征。

一些全可调𬌗架可将自凝树脂直接填入髁导及切导部分，依照患者运动的轨迹图像，“画”出适合的引导路径，因此也被有的学者称为刻录𬌗架或颌型𬌗架。

还有一些全可调𬌗架配有多个角度、形态的髁导配件，操作时根据获得的运动面弓数据从中选择形态、曲度等最为接近的进行设置。

（三）髁突再定位

临床有些病例可能需要改变髁突原有的位置，例如正颌手术、治疗颞下颌关节紊乱病的再定位𬌗垫及一些情况下的全口咬合重建等。如果可以在𬌗架上实现对该运动的模拟，无论是对于治疗计划的确定，还是最终治疗的实施均有很好的辅助作用。在前述三种常用𬌗架中，全可调𬌗架可以实现这一功能。

一些全可调𬌗架会在髁盒旁添加额外的调节旋钮，模拟髁突向前、向后及向下的移动。另一些全可调𬌗架会设计相关配件来模拟髁突向前的运动。不同配件对应髁突前移的不同距离，将其安装至殆架上即可实现相应距离的移动。

还有一些特别为髁突再定位功能设计的殆架可以更为精确地实现再定位功能，甚至可以实现整个下颌骨的侧向移位。

几种殆架对比见表 3-4-1。

表 3-4-1　几种殆架对比

	平均值殆架	半可调殆架	全可调殆架
数值和形态	固定数值形态	形态固定，数值可调节	数值可调节，部分类别形态可调节
侧方髁导斜度	固定数值形态	形态固定，数值可调节，部分类型固定	数值可调节，部分类别形态可调节
侧移特征	无	无	可通过形态或侧移量进行调节
髁突再定位	无	无	可移动髁球位置

二、使用与维护

1. 请不要将殆架放置在沸水、高压蒸汽以及超声清洗机中。

2. 清洁和维护请根据生产厂商要求使用 pH 值在合适范围内的清洗液擦拭殆架表面。

3. 如果医师完成面弓转移至殆架后，将带有架环的模型、参数数值信息以及最终治疗计划一起传递给技师，利用模型传递信息，则必须保证医师持有的殆架与技师持有的殆架具有一致性。此时双方需将殆架进行校准。

4. 在头部自然放松状态下，FH 平面与鼻翼耳屏面会与水平面存在一定的角度。采用这两类参考平面的面弓和配套殆架进行前牙修复体制作时，需要技师根据口内照片及经验进行一定的调整补偿。

第五节 咬合力测试仪

一、简介

咬合力测试仪（图 3-5-1）又称咬合力分析系统、咬合力分析仪，是利用牙齿咬合力感应原理和计算机技术，精确、实时、动态记录并分析上下牙齿或义齿咬合状态和变化的口腔临床设备，是一种准确可靠、操作简单的测量咬合平衡信息的临床诊断设备。例如氧化锆这种具有高度压缩表面的修复体，在检查静态接触时，即使使用带涂层的咬合纸，往往也无法充分看清咬合情况，这表明到达了咬合纸的极限。由于这类修复体的次要接触点会被明确显示，因此很容易误导调殆。颞下颌关节的弹性（压迫、牵拉和侧向弹性）也会模糊标记。此时借助咬合力测试仪可以清楚地了解各个接触点上的咀嚼力是多少。在图形中可以看到每个单独触点的强度，使接触点可视化，并

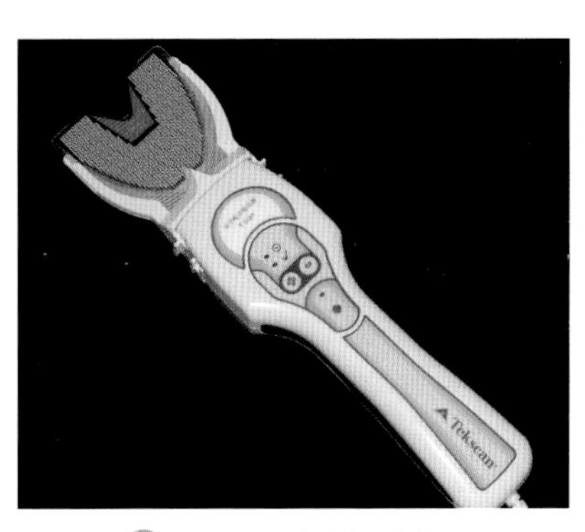

图 3-5-1 咬合力测试仪

识别早接触点或失接触点，可以纠正咬合关系。动态咬合也可以被记录并根据所选的咬合方案而被消除，例如干扰点或者侧方和向中移动的过强接触点。

（一）结构

咬合力测试仪主要由控制手柄（图 3–5–2）和电压力感应膜片（图 3–5–3）组成，膜片上有马蹄形的感应区，受到咬合力时可以实时记录咬合接触点的部位范围和咬合力大小。

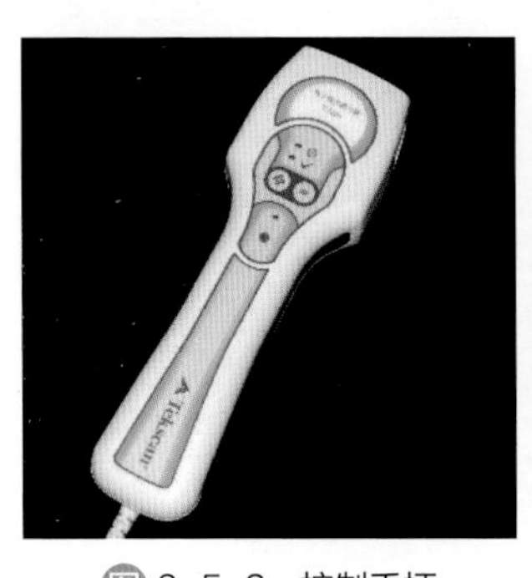

图 3–5–2　控制手柄

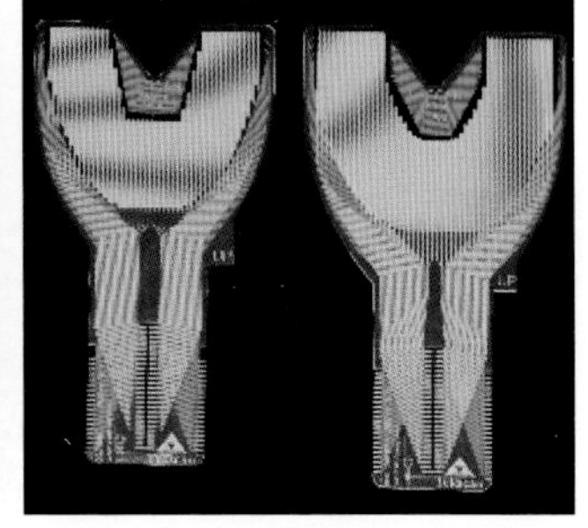

图 3–5–3　电压力感应膜片

使用前应根据患者的实际牙弓大小或利用患者模型进行选择

咬合力测试仪可以定量记录咬合状态（包括咬合位点、咬合力和咬合时序及其之间对应关系）的变化，在下颌功能运动过程中实时动态观察咬合位点和咬合力随时间的变化情况，其提供了正中、侧向、前伸、习惯性咬合模式，医生可根据患者牙齿切端近远中宽度建立个性化的牙弓图像，操作简便，并通过对患者𬌗关系的诊断、分析，精确地发现咬合力异常大的分布点和早接触点，以确定良好的咬合关系，帮助医生设计最适合的诊疗方案，指导医生更加准确地进行临床诊治。其应用于义齿修复（固定和可摘义齿）、种植修复、颞颌关节病治疗、牙周病、口腔正畸、正颌外科、患者教育和学生教学等方面。

（二）工作原理

采用一次性电阻薄片感应器对咬合力进行感应，将患者咬合过程与咬合状态转变为电信号，并传递至信号转换器；信号转换器再将动态、实时的咬合情况及变化过程转变为数字信号，传递至电子计算机；电子计算机对咬合数据进行记录和分析，并以 2D 或 3D 的形式直观、形象地反映出来，精确测量咬合平衡信息。正确连接系统后，通过专用的咬合力分析软件，对咬合状态及过程进行分析和储存，并通过屏幕显示或打印机输出。

二、使用与维护

（一）使用流程

1. 正确连接咬合力测试仪并运行电脑。

2. 启动软件，创建新患者，建立咬合记录窗口。安装好电压力感应式膜片，不同大小的支架，与所选膜片相对应（图 3-5-4），支架右下角标有型号（图 3-5-5），膜片上有“UP”标志的一面朝上（图 3-5-6），使支架上的三角尖端正对膜片中线，合上膜片夹。

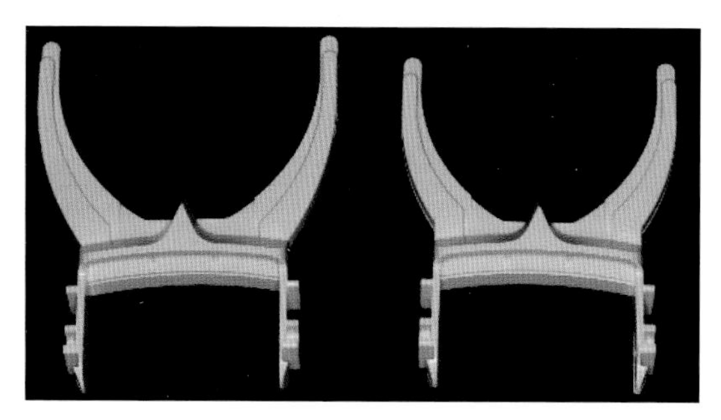

图 3-5-4　不同大小的支架，与所选膜片相对应

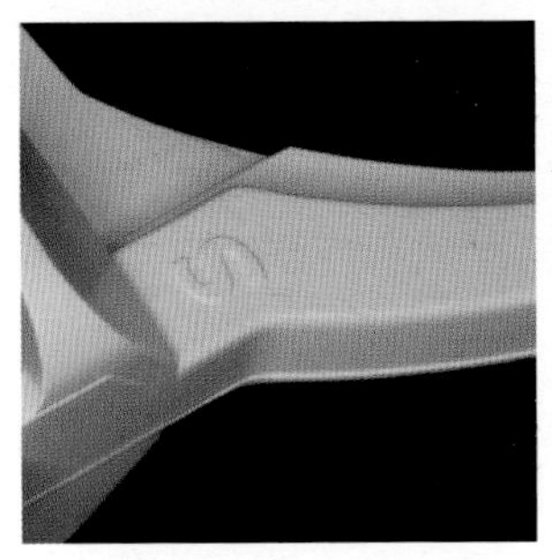
图 3-5-5 支架右下角标有型号

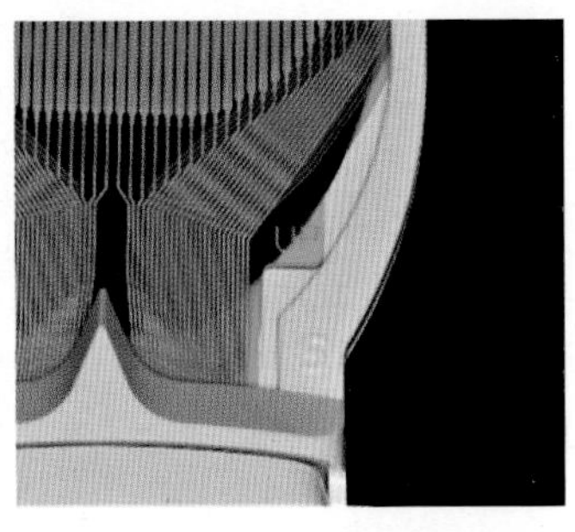
图 3-5-6 膜片上有“UP”标志的一面朝上

3. 将传感器放置在患者口腔中执行新扫描，传感器支架的定位标记应位于中切牙之间（图 3-5-7），保持手柄尽可能与咬合平面平行，按“录制”按钮。开始正式咬合之前，可以根据指引进行灵敏度的调节（图 3-5-8）。患者开始咬合运动，软件实时记录。

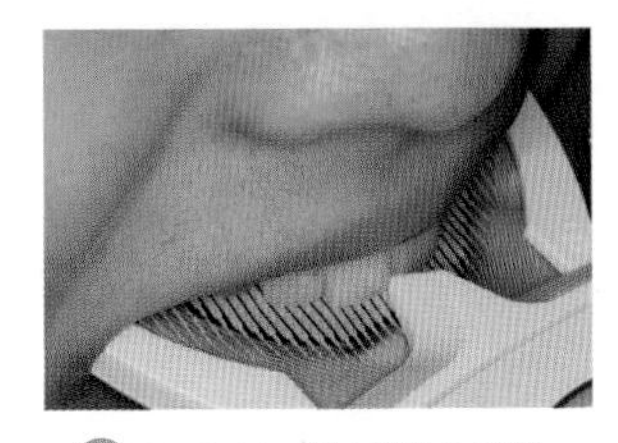
图 3-5-7 传感器支架的定位标记位于中切牙之间

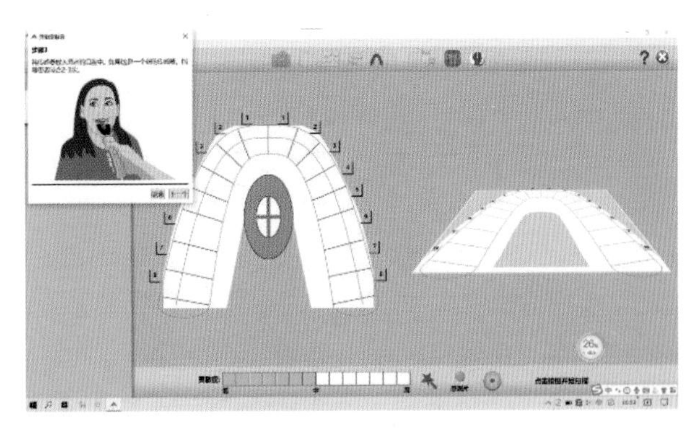
图 3-5-8 开始正式咬合之前，可以根据指引进行灵敏度的调节

（二）检查时的体位

检查者位于受试者右后方，左手牵拉受试者口角，右手持控制手柄，旋转进入受试者口内，使支架上的三角尖端正对受试者上中线进行咬合记录。

1. 最大牙尖交错位　受试者上下颌牙紧咬，使上下颌牙齿达到最广泛、最紧密的接触。

2. 前伸咬合运动　受试者下颌从最大牙尖交错位起，下颌前牙沿上颌前牙舌面滑动至切牙切缘相对的对刃位置。

3. 侧方咬合运动　受试者从最大牙尖交错位起，工作侧下颌牙颊尖的颊斜面沿上颌牙颊尖的舌斜面滑动，向左（或向右）至工作侧上下颌尖牙牙尖顶相对（或工作侧上下颌后牙颊尖相对）的位置。

4. 正中关系位　将感应膜片旋转进入受试者口内，使支架上的三角尖端正对受试者上颌中切牙中线。测试者手法引导使下颌咬在正中关系位，记录上下颌牙列的咬合情况。

（三）数据分析

1. 软件记录受试者咬合后生成界面如图3-5-9至图3-5-15所示，软件根据患者前牙宽度建立了个性化的牙弓图像，牙弓图像外侧标注了牙位信息，内侧实时显示该牙位咬合力相对大小。牙弓中央被分割为四个区域的白色椭圆为咬合平衡的最佳范围，周围的灰色区域为咬合平衡的可接受范围，红宝石标志则代表了咬合力中心点，其形成的颜色曲线为中心点的运动轨迹，若受试者已完全咬紧达到最大牙尖交错位时，红宝石标志仍位于灰色区域以外，提示受试者咬合力不平衡。牙弓上有颜色的区域为咬合接触区，显示咬合接触分布；不同的颜色代表咬合接触力的相对大小，可根据颜色标尺判断咬合力的大小：紫红色代表咬合力很大，深蓝色代表咬合力很小。

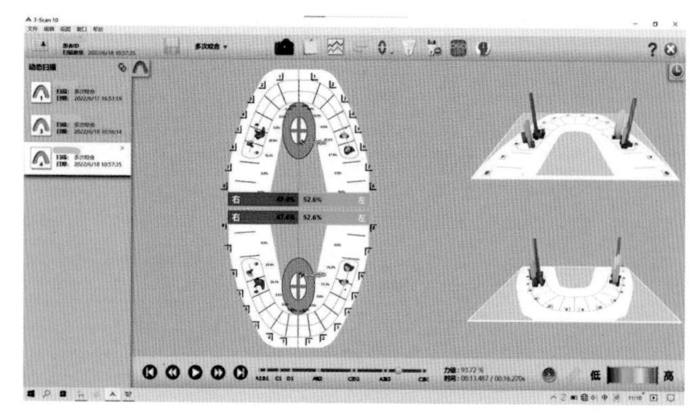

图 3-5-9 咬合后软件生成界面

注意紫红色柱子最好不要超过 4 个，如超过需重新调整灵敏度

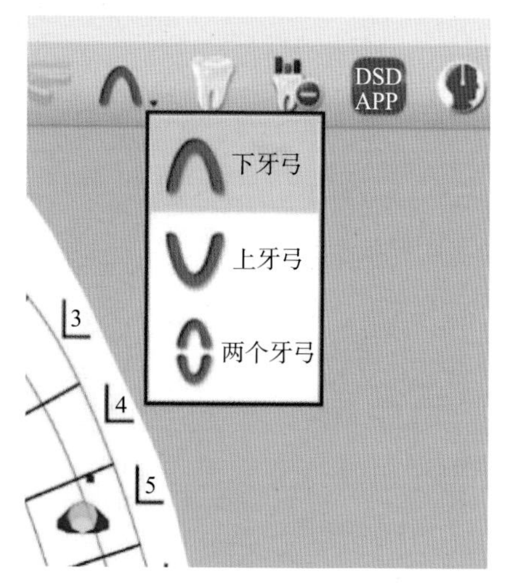

图 3-5-10 通过软件上方的牙弓按钮切换显示的牙弓

2. 牙弓下方的红条和绿条上实时显示左右侧咬合力分别占全口总的咬合力的百分比（图 3-5-11），图中下方纵坐标为相对咬合力，横坐标为时间，可动态显示随时间变化的左右及全牙弓咬合力的相对比值。红色曲线表示右侧牙弓，绿色曲线表示左侧牙弓，黑色曲线表示整个牙弓咬合力随时间的变化曲线。

3. 曲线上标注的所有 A 时间点为有第一点咬合接触的时间点，即咬合接触开始的时间，B 时间点为到达最大咬合接触的时间点，直至 C 时间点开始下降，至 D 时间点咬合彻底分离，没有任何咬合接触。最右侧的表格显示各点的详细时间及相对力大小。AB 两点之间的时间差表示𬌗接触时间长短；C、D 两点之间的时间差表示𬌗分离时间长短。

4. 中间的咬合动态三维图像可方便操作者从不同的角度观察𬌗力大小。

5. 比较下颌正中关系位时咬合与最大牙尖交错位时咬合的差异。

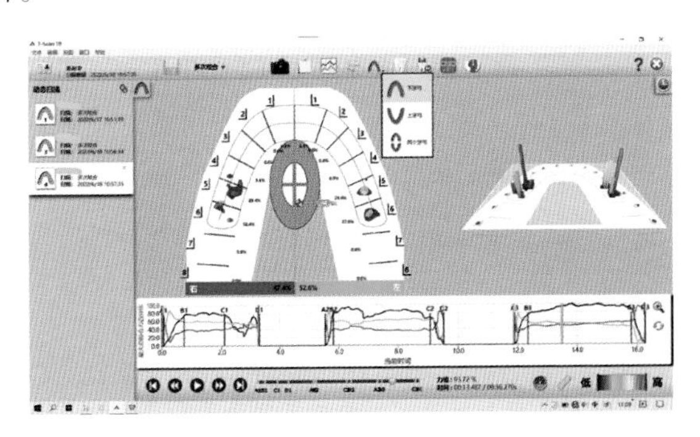

图 3-5-11　软件界面，下方有红绿曲线

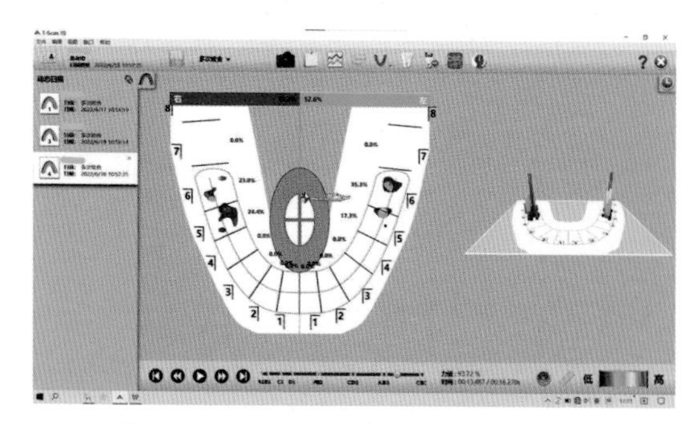

图3-5-12 软件界面，下方无红绿曲线

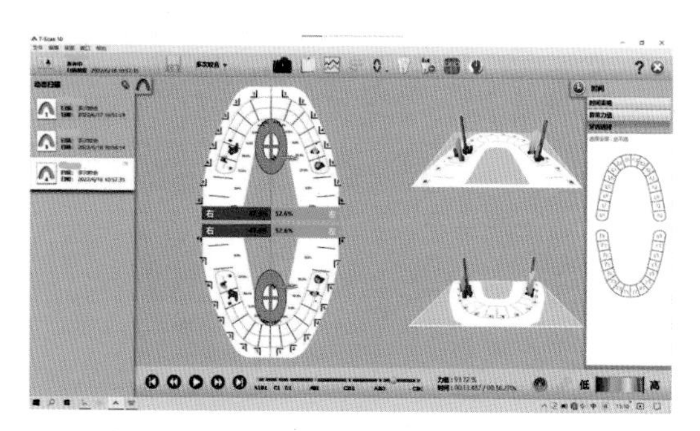

图3-5-13 可选择想要显示的牙齿咬合力

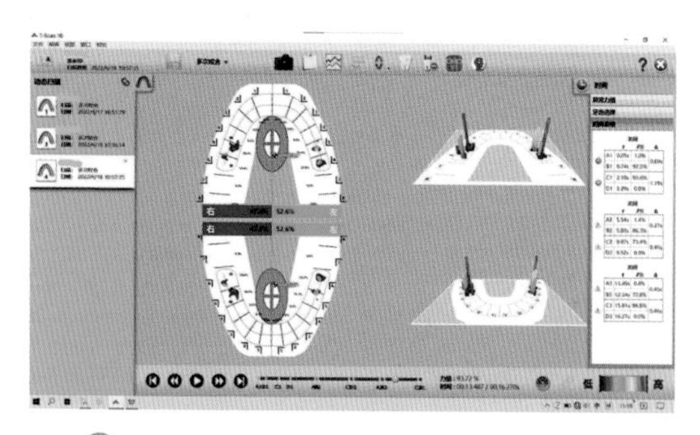

图3-5-14 软件自动预警咬合力异常的牙位

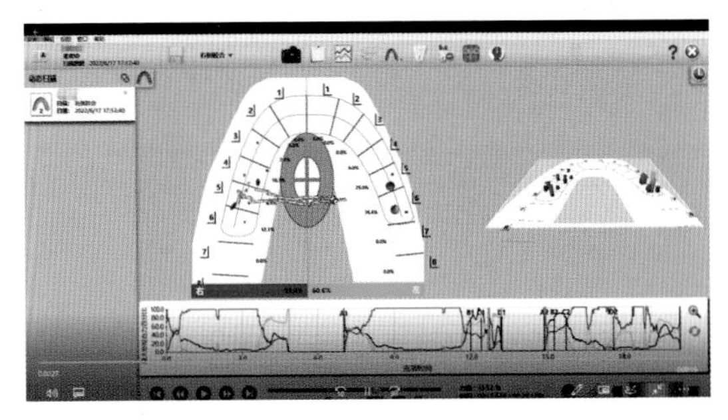

图 3-5-15 咬合动态视频截图

6. 通过咬合动态视频，可观察受试者前伸运动时是否有后牙𬌗干扰；侧方运动时是否有平衡侧𬌗干扰。

7. 异常力值，此选项卡允许患者在闭合期间增加或减少齿间的相对力。这有助于检测可能具有不规则力量和时间特性的牙齿。减小相对力会导致检测到更多的异常力值。增加相对力可减少检测到的异常力值。“高异常力值”滑块调整高力范围，而“低异常力值”调整低力范围。

8. 设置种植体的警告阈值，通过颜色滑块设置种植体警告阈值。此滑块设置得越低（蓝色），收到的警告就越多。此滑块设置得越高（红色），收到的警告就越少，因为种植体上的受力在显示之前必须达到更高的阈值。将鼠标悬停在警告上方将显示警告的原因。有 3 种不同的警告，具体取决于满足以下哪种标准。

（1）种植体上的接触点加载过快（早期接触）。根据这个标准，可以查看加载速率，如果加载速率大于任何天然牙的变化速率，或者如果变化速率等于任何天然牙且种植体是力异常值，则会生成警告。

（2）种植体上的接触点相对于种植体周围的自然牙齿保持着高的受力速率。

（3）种植体上的接触点承受着较高的受力，比其两侧匹配的牙齿高出两个颜色级别。

（四）注意事项

1. 根据患者情况，选择大小合适的咬合力感应器及其支架。

2. 薄膜传感器使用前应为清洁状态，若包装破损则不得使用。

3. 正式测试前可以让患者试咬几下，引导患者咬在医生想要的殆位上。

4. 不要让任何液体进入手柄的薄膜传感器插口、出线口以及 USB 插头里。

5. 薄膜传感器为一次性使用，每位患者使用一个（同患者同次诊疗）。

6. 根据患者咬合力的大小，调整感应器的敏感度，保证最佳的记录效果。

7. 临床应用时，需配合咬合纸检查，以确定具体的牙位和咬合接触点。

8. 与电脑连接前，请确认电脑状态及运行正常。

（五）维护与保养

1. 使用前后，检查手柄、连接线及 USB 接口有无异常或污损现象。

2. 长期不用时，应将其密闭包装，遵照储存环境要求保存。

3. 产品清洁和消毒方法

（1）电子咬合测试仪表面的清洗消毒：根据《医疗机构消毒技术规范（2017 版）》要求表面使用浓度 70%~80% 的乙醇（体积比）消毒液擦拭消毒。

（2）薄膜传感器的清洁消毒：根据中华人民共和国卫生行业标准“口腔器械消毒灭菌技术操作规范”WX506-20162017-06-01 实施，采用高水平消毒（环氧乙烷灭菌）或中水平消毒法（杀灭和去除细菌芽孢以外的各种病原微生物的消毒方法）碘类消毒剂擦拭（碘伏、碘酊、氯己定碘等）。

第六节 光固化灯

一、简介

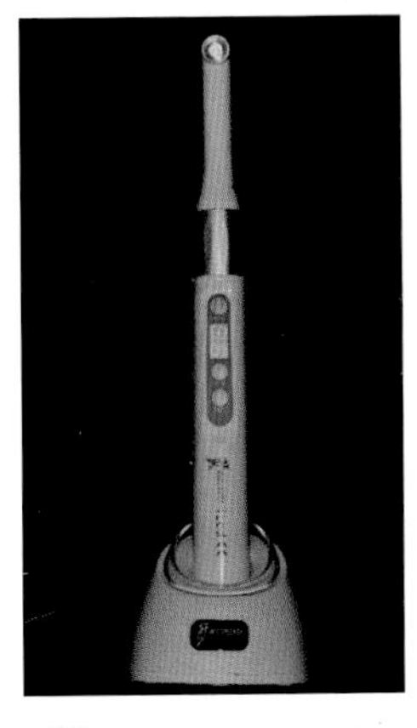

图 3-6-1 光固化灯

光固化灯（图 3-6-1）是用于聚合光固化复合树脂修复材料的口腔医疗设备。

（一）光固化灯的种类

光固化灯作为牙科光固化复合树脂和粘接剂的固化光源，主要类型有：卤素灯，发光二极管灯（LED 灯），等离子弧光灯及氩激光灯。目前主要使用 LED 灯，其具有操作简便、安全、光源寿命长、光强度高、不需要冷却、能持续工作、体积小、可移动等优点。LED 光固化灯主要有两种类型：一种是只能发射蓝光的“单波”（第一代和第二代）；另一种是可以发射蓝光和紫外光的“多波”（第三代）。

（二）光固化灯行业标准

中华人民共和国医药行业标准目前规定：对于卤素灯和 LED 固化灯，工作段波长范围为 385~510nm，紫外波长范围为 200~385nm，辐照度要求为 200mW/cm^2。

而美国国家标准学会（ANSI）和美国牙医协会（ADA）规定：临床使用光固化灯的光密度至少要达到 300mW/cm^2。

（三）原理

光固化灯之所以能起作用，是因其主要成分为复合树脂和粘接剂等，有一种成分叫做光敏引发剂。①酰基膦氧化物（TPO）；②苯基丙二酮（PPD）（光谱范围为 380~425nm 的近紫外光至可见光区域）。

具有合适光谱范围的光固化灯，可以更好地引发光敏引发剂，使材料固化。光密度不足会导致复合树脂和粘接材料固化不充分，从而可能会引起修复体脱粘接、继发龋、牙髓问题等并发症。如果光固化灯的光密度过低，单纯采用延长时间的方法也不能保证复合树脂和粘接剂材料能够充分固化。光照强度过低达不到固化效果，反之光固化灯的光照强度太高，会导致复合树脂聚合收缩加快，从而引起微渗漏，产生继发龋。

选择光固化灯的注意事项

1. 光照强度　超高的光强带来的产热也会急剧上升，对牙髓和软组织的刺激大大增加。使用光固化灯在临床操作后，温度升高不应超过 5.5℃。定期检测光固化灯光强也有益于保证临床治疗效果。

2. 功率　在使用超大功率光固化灯（功率为 1500~2000mW/cm²）时，需要谨慎选择光照时间。极短的光照时间内（如 1~5 秒）可能出现光导棒尚未放稳，光照就已经结束了的情况，从而引起材料聚合不全。

3. 操作方便　从临床医师的角度，操作方便是选择光固化灯非常重要的标准。在临床操作中，从𬌗面、颊面和舌面修复牙齿时均能方便地接近牙齿，光固化灯光源应有良好的角度，在成年人和儿童患者治疗时均能尽可能地接近患牙修复体表面，尽量避免出现照射死角。

4. 合适的光固化波长范围　常用的光固化灯波长范围多为 400~500nm 的可见蓝光。目前，通常可以选择以下两种 LED 光固化灯：①只有蓝光的 LED 光固化灯；②既有蓝光也有紫外光的LED光固化灯，即多波长的光固化灯。只有蓝光的LED光固化灯能活化修复材料中的光敏剂樟脑醌，而多波长的光固化灯除可活化樟脑醌外，还可以活化其他光敏剂使树脂聚合。前两代LED灯较难实现含PPD、TPO或Ivocerin的树脂基材料的聚合，因为这些光引发剂只在短的蓝色和紫色光谱范围内被激活。临床上应注意复合树脂的光引发剂并选择合适的光固化灯。

多波长的LED光固化灯对材料的表面固化效果比只有蓝光的LED光固化灯效果好，但蓝光能渗透复合树脂的深处，是材料力学强度的主要来源。从这个角度来说，只有蓝光的单波长光固化灯的照射强度明显高于多波长光固化灯。

5. 灯头的设计　临床上有两种光导头：标准光导和导光棒。标准光导以直径一致的纤维贯穿光导全长，光导两端具有均等的纤维密度。导光棒的设计是纤维从光导起始端到末端逐渐变细，光导末端的纤维密度较高。有研究显示在5mm照射距离范围内，以8mm导光棒取代8mm标准光导照射穿过复合树脂、牙本质时，光能接收和传输的量在统计学上均显著增加42%±6%；距离为5mm时两者近似相等；距离＞5mm时，由于导光棒发出的光比标准光导出现更多的光散射，导致其光强大幅度衰减。还有另一种光导起始端的纤维密度比末端大，称为“反向导光棒”，此设计减少了光导末端发出光的光强。因此，临床医师可以根据待治疗牙齿的具体情况，选择适合的光固化灯头，以达到最佳的聚合固化效果。

二、使用与维护

（一）操作常规

1. 接通电源。

2. 清洁、检查光固化灯光导头，使用一次性防护膜。

3. 根据材料厚度和颜色选择固化时间及固化模式。

4. 操作者需佩戴护目镜，将光导头靠近被照区域，尽量减少对牙龈和软组织的热损伤，必要时使用气枪冷却帮助降温。按动触发开关，工作端发出冷光进行光照固化。操作要有支点。定时结束后，光线熄灭，蜂鸣器发出提示信号，光照结束。再次按动触发开关可重复操作。

（二）维护与保养

1. 无论何种质量的光固化灯，其光强都会随着使用时间的延长而有所下降。因此应经常检测光固化灯，避免影响到临床治疗效果。

2. LED 光固化机在运输及使用过程中，应避免碰撞。

3. 保持光导纤维管输出端清洁。

4. 对患牙照射前，应在光导纤维管上套入一次性透明塑料薄膜；治疗结束后将塑料薄膜取下，避免医源性感染。

5. LED 光固化灯虽然为冷光源，但二极管发光时仍会产生一定热量，连续使用三次以上时应注意保持适当的间歇时间。

6. 定期对光导纤维管进行清洁，避免因污染影响光照效果。

7. 随着锂离子电池充电次数的增多，每次充电后使用时间将会缩短。

（三）注意事项

1. 首次使用光固化灯前请至少充电 4 小时。

2. 使用时，应将一次性薄膜套套入主机头部，避免主机或其他部件与患者皮肤或口腔黏膜接触。

3. 使用完毕后，应将一次性薄膜套从主机头部取下并按相关规定进行废弃处理，一次性薄膜套禁止重复使用，以防止交叉感染。

4. 临床使用时，光源应直接照射在被固化的树脂材料上，防止照射位置不当，影响固化效果。

5. 蓝光严禁照射眼睛。

6. 请使用原配的电源适配器，其他电源适配器有可能会造成锂电池和控制电路的损坏。

7. 严禁用金属或其他导体插入到主机的充电插口内，以免造成内部电路或锂电池短路烧毁。

8. 请在凉爽、通风的室内给电池充电，充电时请注意压紧主机与充电座的卡扣，否则可能造成充电位置接触不良而不能充电的问题。

9. 该仪器有电磁干扰。请勿在电子手术的周围使用，同时在有强电磁干扰环境下应谨慎使用该仪器。

10. LED 光过敏者慎用。

11. 若有污物黏在光纤上，请以软布或棉棒清洁之。不可用锐利物品刮光纤。

（四）光固化灯使用中应考虑的因素

1. 足够的固化时间 对于 2mm 厚的复合树脂，光固化灯生产商推荐的固化时间为 20~40 秒，深颜色树脂需要的固化时间比浅颜色树脂长。但对于不同厚度和颜色的间接粘接修复体，厂家也未提供具体的固化时间，因此，只能笼统建议增加固化时间，以补偿光透射率的降低，但这样做会产生过多热量，必须谨慎进行。实际上，过度光照并不能完全补偿光强的衰减，而且水门汀也达不到直接光照时获得的硬度。有学者提出，总光能量 = 光强 × 照射时间，即 600mW/cm^2 照射 40 秒的固化效果与 1200mW/cm^2 照射 20 秒的固化效果相当。但是如果光强太低，单纯延长照射时间也不能保证树脂充分固化。

临床上，当使用双固化树脂水门汀时，我们可以从咬合面和侧面进行光照，从而确保修复体的边缘封闭，进而保护树脂水门汀不受外部液体的损害，较深区域水门汀的转化率会随着时间的推移而增加。

光照时间对水门汀机械性能的影响最大，其次是陶瓷类型和陶瓷厚度。光照 20 秒会比光照 10 秒产生更高的机械强度。

2. 光照距离与角度 光强在空气中随照射距离的增加而呈指数衰减，在空气中每增加 1mm 距离约衰减整个光强的 20%。为保证充分固化，必须尽量减少光固化灯与复合树脂的距离。建议将光固化灯灯头直接垂直放置于复合树脂上（图 3-6-2）。研究表明，如果将灯头与复合树脂表面呈 45°（图 3-6-3），会导致总光能量损失 56%。然而，在某些临床条件下，光固化灯无法直接照射到树脂基材料，必须透过牙釉质、牙本质、树脂材料或陶瓷材料来间接实现。这种间接固化会显著减少传递到复合树脂的总光能量，减少量取决于光到达树脂基材料前所穿过的基材的成分、厚度和透明度。由于不同的光固化灯在不同的修复深度提供的光强不同，临床医生必须熟悉所使用的光固化灯的特点和性能，并根据具体的临床情况做出合理调整。

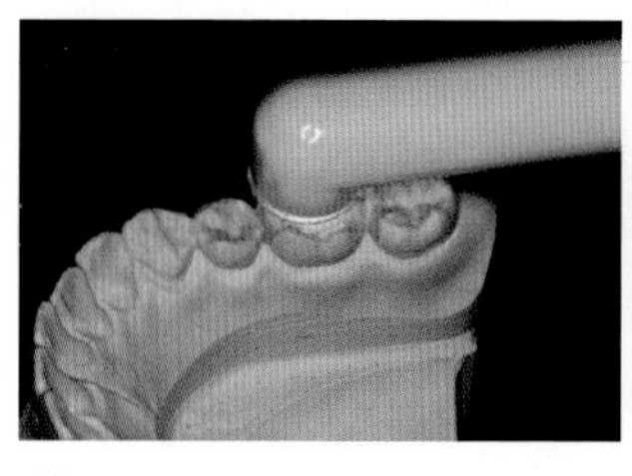

图 3-6-2 灯头垂直照射嵌体

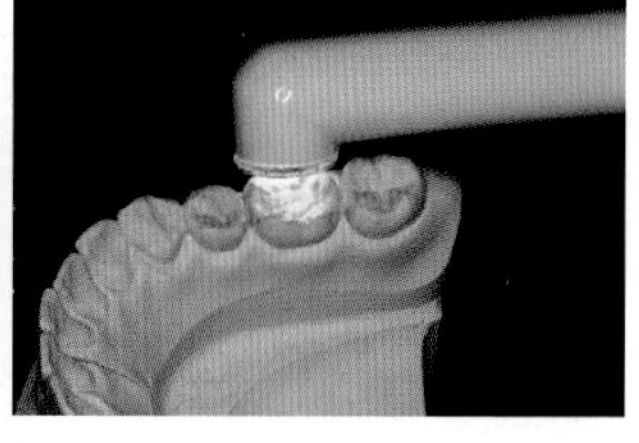

图 3-6-3 灯头与嵌体表面呈 45°

3. 进行区域重叠光照 光固化灯的光束在一定距离内（3~10mm 之间）整个尖端都应相对均匀，避免出现热点或冷点，以确保整个修复体固化均匀。光导的均匀性和灯头的直径并没有直接关系，临床上进行区域重叠光照是有必要的，特别是所使用的光固化灯灯头直径较小或光导不均匀时。

4. 光输出方式 光固化灯常见的输出方式有4种：等光强输出、连续式输出、台阶式输出及脉冲延迟。等光强输出，即整个照射过程中光强保持不变。连续式输出和台阶式输出，也叫软启动聚合，即光强随光照时间的增加而出现变化。连续式输出的光强随光照时间呈线性逐渐增加；台阶式输出的光强变化呈阶梯状，先以低光强的光照射一段时间，再转变为高光强的光持续照射至结束。目前研究认为，等光强光固化再固化一定厚度的复合树脂时，将随收缩应力的增加出现力学性能方面的显著缺陷。软启动聚合方式能改善光固化复合树脂的边缘强度和力学性能，两种输出方式都是先提供较低的光强，使复合物有一定的时间流动并能提高材料的边缘密封性。脉冲延迟是系统通过提供一个低的初始光强，如以300~350mW/cm^{2}的光强照射，等待2秒，使树脂释放一定的收缩应力，末期固化采用较高光强（500mW/cm^2）照射。复合树脂在光固化之后，会有一定的聚合收缩。为了减少聚合收缩带来的不良后果，临床上通常会采取楔形分层充填的方式。同时也有观点认为，在光照的时候使用较低的光强或是渐进的光强，可以减少复合树脂的聚合收缩。然而，也有学者对这一观点持反对态度。据研究，无论使用低强度（650mW/cm^2）、高强度（1200mW/cm^2）、渐进模式（650~1200mW/cm^2）还是超高强度（2000mW/cm^2）来进行光照，对复合树脂各个部位的聚合程度并无显著影响，复合树脂的聚合收缩也没有显著差别。所以，如果喜欢简单方便的操作，尽可选择单模式的光固化灯，不必来回切换模式，也能获得可靠的效果。

5. 光固化灯电量 光固化灯电池电量对输出光强的稳定至关重要，有学者研究，当光固化灯电池电量下降时固化的树脂试样与电池完全充电时固化的树脂试样对比，表面显微硬度显著降低。因此使用时应尽量保持电量充沛，可以在使用时才从充电底座上取下，不使用时保持一直充电状态。

间接粘接修复的光固化临床指南

1. 根据修复体选择合适的水门汀。认真阅读修复材料和水门汀的使用说明书。

2. 掌握所使用的光固化灯的性能和参数(光强、波长、光导和直径等)。

3. 瓷材料的厚度如果小于1mm，可见光能够在较短的时间内固化树脂水门汀。因此光固化树脂水门汀只能用于比较薄的瓷贴面。瓷材料的厚度如果在1~2mm之间，则需要两倍的固化时间，保证树脂水门汀的固化。因为瓷材料的厚度减弱了三分之二的光强。瓷材料的厚度如果在3mm以上，光固化树脂水门汀就变得不那么可靠了。进行厚度大于2mm的牙体修复时，优先选择双固化树脂基材料。

4. 使用无胺树脂水门汀时，要使用能同时发射蓝光和紫外光的光固化灯。使用树脂水门汀时，全程做好隔湿。

5. 使用防护屏障保护光固化灯时，做好院内感染控制。用橙色滤光镜或遮光护目镜保护眼睛。

6. 光固化灯灯头应尽可能靠近修复体表面。

7. 修复体的每个表面，如𬌗面、颊面、舌面、近颊、近舌，远颊、远舌，光固化至少20秒。先从修复体的边缘开始固化(图3-6-4)，可以防止污染、提高边缘封闭，然后再固化其他区域。对于色度较高(A3、A4、B3等)的修复体，要增加固化时间。

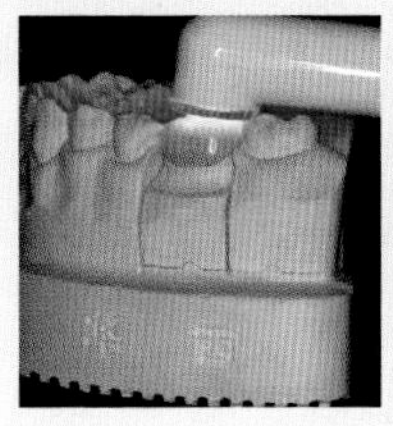

A. 殆面

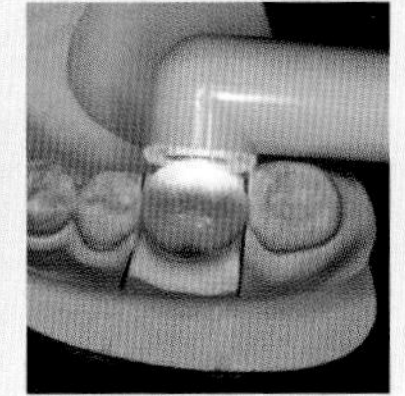

B. 舌面

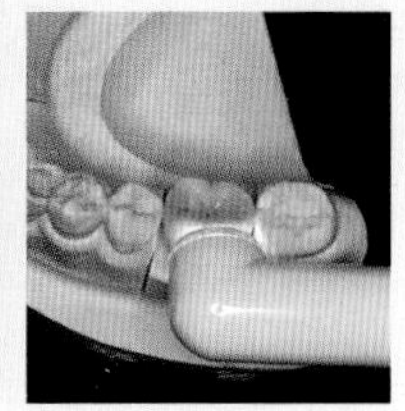

C. 颊面

图 3-6-4　灯头紧贴修复体照射

8. 对于多次光固化，在每个固化周期之间稍作休息，以避免产热过多。

9. 使用同时发射蓝光和紫外光的光固化灯时，在每个固化周期灯头要轻微旋转 45°，以保证均匀聚合，在最后一个固化周期后，用甘油凝胶涂布修复体边缘阻挡空气，以去除氧阻聚层。

10. 保持光固化灯清洁，定期检查光输出参数，并进行适当的维护。

11. 复合树脂的光固化是临床操作的重要步骤。如果光固化灯对修复体的光固化不充分，那么修复体的理化性能、机械强度、美学效果和临床寿命都会受到影响。聚合不良的修复体会出现边缘缺陷、变色、继发龋或折裂等问题，进而导致过早的临床失败。同时，未完全固化的树脂单体浸出液对生物安全性也会产生负面影响。因此选择合适的光固化灯并正确使用对于达到良好的临床效果是必要的。

第七节 牙齿美白冷光仪

一、简介

牙齿美白冷光仪为患者提供稳定的、高强度的输出光。

（一）冷光美白的原理

冷光美白，其原理是将波长介于480~520nm的高强度蓝光，经由光纤传导，照射涂在牙齿上的过氧化氢（H_2O_2）凝胶，牙齿受到可见光（波长400~650nm）的照射，可以激发覆盖在牙齿表面的过氧化氢凝胶产生活性氧，从而氧化和清理牙齿表面和深层的色素，达到很好的美白效果。临床上，冷光美白的适应证主要为外源性染色如烟渍、茶渍和可乐（效果最好），中轻度氟斑牙、四环素牙。禁忌证为龋齿及牙周病患者、孕妇。

（二）结构

牙齿美白冷光仪主要由供电电源、控制电路、光源等组成，按照不同光源分类，可以分为卤素灯泡和/或LED灯；按照不同供电电源分类，可以分为类型1网电源供电和类型2可充电的电池供电。标准中规定牙齿美白冷光仪的工作波长应处于400~650nm。

高强度蓝光经过光学处理，隔除了有害的紫外线和红外线，从而形成对牙齿、黏膜和其他软硬组织适应的低温光。由于该光有别于持续照射可产热的白炽和卤素光、能量激光等，故称其为“冷光”。蓝光在这里主要作为加速器，使得H_2O_2释放速度增强。

二、操作常规

1. 口腔检查+洗牙。
2. 告知注意事项及风险。
3. 隔湿，比色，抛光。

4. 保护　用光固化树脂为原料的牙龈保护剂保护牙龈，用凡士林油保护唇及前庭沟等其他黏膜，以防过氧化氢灼伤和光损伤，嘱患者戴防护眼镜。

5. 涂抹美白凝胶　将调好的美白剂或凝胶覆盖在牙面上，涂抹厚度为 2~3mm，确保药物的直接接触。

6. 光照　冷光接近牙面，灯头与牙齿表面呈 90°，照射 8 分钟。把美白剂从牙齿表面吸掉，再次涂抹美白药物，冷光照射，重复 3 次为 1 个治疗。治疗总时间为 30~60 分钟。

7. 评估疗效　再次比色、医嘱告知。

第八节　电动马达

一、简介

牙科手机发展趋势是朝向电动驱动设备来发展的，医生用使用手机种类更加简单化，并配合电动马达即可完成大多数牙科治疗。

牙科电动马达通过电磁原理产生高速旋转动力，提供牙科手机进行牙科手术的驱动力。当车针切割不同的牙体组织或材料时，电动马达不会降速或停止，不管有无负载，都可以保持恒定转速。转速可精准设置，增速和减速可通过更换手机完成，一般 2~3 支手机即可完成牙科操作。牙体预备时，可使用电动马达联合高速弯手机进行操作。

电动马达的特点如下所述。

①修复切削：快速、高效、精准、用力更小。

②窝洞预备：振动更少、预备线角精准限定、深度可控、边缘美观而清晰连续。

③深龋去腐：振动更少，且因低速和恒定功率，无论硬质合金还是树脂车针，都产热更少。

④修整和抛光：高速弯手机的主要优势是在保守预备、直接修复体修复和清除陶瓷多余粘接剂，以及对由树脂水门汀粘接的间接复合材料修复体进行抛光时，有很高的精准度、舒适性且视野清晰，特别是龈下和齐龈预备进行修整时。

二、使用与维护

（一）使用

电动马达临床一般应用在牙体制备，根管治疗、精修，打磨，抛光，开髓，去龋等领域。因为其扭力和气动手机相比更大，车针抖动更少更平稳，输出更稳定，可有效提高精修、备牙的精准度。

一般而言，牙体预备时初步预备12万~15万转；精细抛光4万~8万转；窝洞钨钢球钻去腐2万转；硅胶轮抛光0.5万~1万转。最好采用硬质合金修整车针。在抛光方面，特别是低速弯手机的受控旋转能输出低于10000rpm转速，无论是否采用冷却水，都非常容易获得极其平滑且有光泽的外观（图3-8-1）。因此，推荐使用具有不同外形的硅金刚砂工作尖，以及碳化硅刷或其他类型的可控抛光盘或低速旋转器械。

（二）注意事项

1. 购买弯手机后需要能够正确应用附加设备，如自动注油和清洁设备。

2. 特别注意不能将电动马达用于采用一氧化二氮麻醉的患者。

3. 首次使用设备前，确保已进行脚踏控制校准。

4. 不能在释放磁波的设备附近安装电动马达。当有超声振动设备或电极刀在附近使用时，请关闭电动马达控制面板上的开关。

5. 不能用于含有潜在易燃气体混合物的手术室中。

6. 为避免可能的伤害或牙科低压电动马达的损坏，在更换弯手机工具时确保马达手柄是完全停转的（且应由脚踏控制人员更换）。

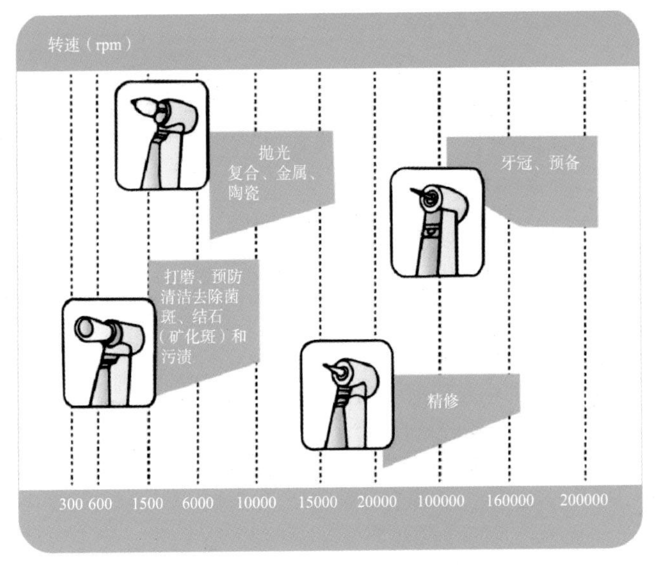

图 3-8-1　转速与对应操作

7. 剧烈撞击，例如高位跌落，会导致电动马达损坏。

8. 使用后应立即对牙科手机进行清洗、润滑和灭菌。但不要润滑马达，润滑油会引起过热，以免导致马达的损坏。

9. 不能用有溶解能力的溶液清洗控制面板。

10. 不能将马达线从马达上拆下。

11. 每次使用完毕后，切断电源开关。

（三）维护

1. 清洁　马达表面清洁使用具有吸水性的布去除马达表面任何液体残留物，来回反复擦拭 5 次。

2. 消毒　使用无氯消毒剂对马达进行擦拭消毒，推荐使用卡瓦液（Cavicide）消毒剂或 75% 乙醇，切勿浸泡。

3. 干燥　清洁消毒后进行干燥操作，建议使用压缩气流吹干。

4. 灭菌

（1）操作流程：灭菌前，先要把马达取下来装上消毒塞和消毒铝套，将马达放入高压蒸汽灭菌袋，并进行封口，然后再进行温度为134℃、压力为0.20~0.23MPa，不少于4分钟的高温高压灭菌，灭菌后要干燥处理。

（2）灭菌注意事项

①灭菌前应在马达接口部安装消毒塞和消毒铝套。马达灭菌必须拆下马达尾线。

②禁止向马达内部进行注油润滑。

③马达可重复灭菌，至少能进行250次循环灭菌。

④除了马达和弯手机可进行高温高压灭菌，其他部件（主机、电源适配器、尾线等）禁止进行高温高压灭菌。

⑤弯手机每次使用完毕后或进行高温灭菌前，以及每连续使用60分钟，必须进行注油润滑。

⑥长时间不使用时，应每周进行一次以下操作。

a. 注油润滑，然后手动检查车针是否可以正常转动；

b. 空载工作一次，每次2分钟。

第九节 口腔激光设备

口腔激光治疗机是利用激光治疗口腔疾病的设备，可治疗龋病、牙周病、牙本质过敏症以及各种口腔黏膜病，可以快速高效地切割牙体硬组织，还可以修整口腔软组织，同时达到良好的止血封闭效果。龋病方面，激光能够以微创的方式去除龋坏的牙体硬组织；牙周病方面，激光能够抑菌、杀菌，去除菌斑、牙结石及病变牙骨质；牙本质过敏症方面，激光能够封闭暴露的牙本质小管，阻断神经传导，减轻疼痛；口腔黏膜病方面，激光能够促进创面愈合、减少瘢痕，还能够去除软组织的色素沉积等。与传统的治疗方法相比，激光疗法具有操作方便、精确度高、易于消毒、对周围组织的损伤较轻、缩短手术时间、手术视野清晰、出血少或不出血、患者痛苦轻等特点。

激光在口腔种植术前、术中、术后以及修复阶段都可以发挥出作用。激光在处理种植治疗的并发症方面作用突出。目前已经证明，激光能在种植体植入、修复体安装以及种植体周围组织感染控制等方面发挥积极作用。不同波长激光具有独特的特性，能够帮助医师提高种植治疗效果，改善患者的体验。然而，医师必须了解不同波长激光的作用特点，进而选择相应治疗程序进行正确的治疗。

（一）口腔激光设备原理与分类

1. 原理　口腔激光设备的原理是由陶瓷管引导激光束平行于组织表面，产生的光子能量被目标组织吸收后发生光-热反应，迅速提升组织的温度。在此高温下，细胞组织内部和外部的水分子受热气化，导致生物组织的分离，达到快速切割的效果。

2. 分类　口腔激光常用设备分类见表3-9-1。

表3-9-1　口腔激光常用设备分类

Er：YAG（掺铒钇铝石榴石）激光治疗机	激光波长为2940nm，适用于对牙周、种植、根管等区域口腔软、硬组织疾病的治疗
脉冲Nd：YAG（掺钕钇铝石榴石）激光治疗机	输出波长为1064 nm的红外光
CO_2（二氧化碳）激光治疗机	气体激光治疗机，输出波长为10.6μm
半导体激光治疗机	输出波长大多在可见光的长波到近红外线之间。常见的波长为650nm、850nm、980nm等，也有8.5μm的输出。
Er，Cr：YSGG激光治疗机	激光波长为278nm，是红外线不可见光。有厂家以“水激光”的商品名销售。

（二）激光用于骨组织手术

1. 激光用于软组织手术见表 3-9-2。

表 3-9-2　激光用于软组织手术

软组织切口	有些病例为达到微创效果，会选择牙龈环切，去除骨嵴顶上直径 3~4mm 形如“塞子”的软组织。根据位置和生物型不同，软组织厚度可以为 1~2mm 或者 3~4mm。如果组织较薄（1~2mm），各波长激光均可选择。如果组织较厚，选择二极管激光或者 Nd：YAG 激光可能需要几分钟，而铒激光或者 CO_2 激光可能需要几秒钟就可以，根据组织情况，使用铒激光时要关注出血的问题。与常规技术相比，其能通过快速有效地切割组织为外科医师创建良好的视野，减少手术的时间。其他组织入路方式通过小的信封瓣，通常是为了获得组织高度和基台牙冠复合体周围良好的软组织形态。 随着手术入路范围增大和翻瓣设计的复杂化，切口穿过附着龈（角化）和非附着龈（游离）的情况是决定如何选择合适激光的考虑因素。切割速度缩短了手术时间，提高了止血效果和术野清晰度。因此，当涉及更多软组织时，二极管激光和 Nd：YAG 激光变得不那么有效，这些是接触式激光，因此为了切割更大量和更多层的软组织，需要更多的时间来切开。铒激光与其他类型激光相比不具备止血作用。良好的视野、优良的止血效果和切割所有组织生物类型和厚度的效率，使得 CO_2 激光最适合于这些治疗

续表

优势	应用激光做切开有以下一些优势：消毒过的切口不易感染，激光切割组织不会引起相关的肿胀和感染。由于激光能够封闭淋巴管和血管，临床中可以观测到其术后疼痛肿胀以及术后并发症明显减少。由于肿胀的减小，缝合线不再会脱离组织，开线也会相应减少。止痛药和抗生素使用频率相应减少，强效药物应用也减少（药物相互作用较少），患者手术后的创伤明显减轻。这些优势在小型和大型手术中均能体现。激光使用的另一个优点是在一些服用抗凝药物的患者中是相对安全的，如阿司匹林、氯吡格雷和华法林（香豆素）。有些患者还服用草药，可以显著改变凝血时间。抗凝患者的主要问题是他们的药物是否应该在手术前停用，临床医师需要了解患者状况，并与内科医师商量。在任何牙科手术之前，必须回顾和更新患者的系统病史，如果对于患者的药物有任何顾虑，必须进行相应的实验室检查，包括国际标准化比值（INR）。大多数激光具有优良的止血特性，导致出血减少，因此术中出血控制是一个容易解决的问题。此外，使用激光可以减少术后肿胀和促进组织愈合。与传统手术刀相比，激光切割的优势可以归结为组织损伤的减少、创伤性创面的减少、组织损伤深度的精确控制以及更少的肌成纤维细胞形成。传统的手术刀没有止血作用，因此必须通过更常规的方法来控制出血。例如，通过咬纱布、缝合、放置氧化纤维素、应用局部凝血酶和使用氨甲环酸漱口液都可以帮助控制出血，这些方法在激光手术中都再无必要。此外，手术刀在出血控制方面的劣势导致视野欠佳，需要更多的时间来吸引和保持干燥的术野

2. 激光用于硬组织手术见表 3-9-3。

表 3-9-3 激光用于硬组织手术

骨消融	铒激光家族是常用的进行骨消融的激光，铒激光可用于手术前的骨切除。与传统技术相比，激光消融对骨组织的损伤较小，因为这是一种非接触式的方法，没有激光尖和骨之间的摩擦，来自骨切割钻头的摩擦力可能会使得骨组织过热，并可能在骨种植体界面引起坏死，使用铒激光引起的骨组织温度升高是最小的，只要临床医师熟悉合适的激光参数并使用适当的水冷却，这样可以获得有效骨切割，并避免热损伤。研究表明，使用铒激光与传统的骨钻相比，愈合更好，骨形成更快
用于块状骨移植的治疗方法	CO_2 或铒激光都可以在低能量设置下在骨表面上标记测量点，形成擦不掉的标记。之后可以用“X 标记”定位种植位置。用这种技术，骨块移植受区直观可视，而供区可在切割前描记和测量。骨块切割和修形后，可以用铒激光打出螺钉孔，从而避免使用钻头的机械和摩擦应力。骨块可以用铒激光进行调磨和修改，也消除了来自钻头的机械和摩擦损伤

侧壁开窗上颌窦提升	激光可以辅助上颌窦手术，为最终植入种植体建立骨的基础。后牙缺失牙槽嵴的典型侧壁开窗入路，其长切口从第二磨牙的远中沿牙槽嵴顶向近中延伸到尖牙区，此处再行垂直减张切开，这种切开方式使用 CO_2 激光最为高效。在翻瓣暴露术区骨组织后，临床医师准备开骨窗。用前述方法标记该窗口轮廓，外科医师随后用手机车针或超声器械切开骨壁，进入窦腔。使用 CO_2 或铒激光在骨头上“画”在表面可以产生可见的标记而不损害骨的健康。随后，使用铒激光切开骨壁，尤其当骨板很薄，厚度约 1mm 时；不过，铒激光器也可能会切到软组织，这是个潜在的难题。良好的上颌窦提升的第一个目标是通过骨组织获得通路而不损害施耐德膜（鼻窦黏膜）；第二个目标是移植足够数量的移植材料以支持将来的种植体植入，暴露窦黏膜后，将其小心、轻柔地从窦底下表面和近中面抬高。如果保持黏膜完整，上颌窦黏膜有助于包绕移植材料，防止移植颗粒在窦腔中自由移动。然而，如果上颌窦黏膜被切割或损坏，移植材料会到处移动引起异物反应，造成并发症或感染，并可能导致骨移植失败。虽然受损的膜可以进行修补，但这会使治疗复杂化，并导致更多风险。铒激光能切割硬组织和软组织，因此不可能穿透骨而不穿透与骨紧密相连的软组织。用车针和手机打开骨窗而不损伤上颌窦黏膜，需要技巧和练习。也许最可靠的工具是超声外科设备，它通过振动来切割骨组织而不切割软组织。激光在块状骨移植术中的真正益处在于术后效果。软组织的最小炎症反应增加患者的舒适度并最小化术后肿胀。缝合保持无张力和完整。如果医师认为对症，预防性抗生素可用于手术后鼻窦感染，但手术部位的局部感染是罕见的

（三）激光用于治疗种植体周围炎临床效果

激光治疗种植体周围炎临床效果对比见表 3-9-4。

表 3-9-4　激光治疗种植体周围炎临床效果对比

对植体表面形态的影响	现有研究表明 Nd：YAG 激光对植体表面形貌具有一定破坏性，CO_2 激光、水激光和半导体激光种植体进行去污后，均未造成植体表面的破坏，Er：YAG 激光对种植体表面及种植体周围组织不会造成明显热损伤。Er：YAG 激光用于种植体周围炎的治疗是较为安全的。但是在应用 Nd：YAG、二极管，特别是 CO_2 激光时应注意预防热损伤
杀菌、消毒和减轻炎症作用	1. Er：YAG 激光具有高效的杀菌作用，其能通过产生微爆破等途径促进细菌死亡，在避免产生耐药性的同时，清除种植体表面菌斑及感染的肉芽组织。 2. Nd：YAG 激光可以清除植体周的牙结石及感染软组织，其在软组织内的穿透深度较深，具有良好的杀菌能力，在消毒牙周袋壁的同时不会损伤邻近硬组织及造成微血管破裂。 3. 半导体激光也可以去除污染种植体表面定植的细菌，但研究指出效果不如传统的 0.2% 氯己定处理植体 1 分钟的杀菌效果。 4. 水激光能协同水喷雾通过流体动力学清除感染组织污染且对植体表面的杀菌去污效果优于半导体激光。 5. CO_2 激光在表面粗糙的植体表面上同样具有一定杀菌作用，然而有研究证明，CO_2 激光与半导体激光均无法有效去除植体表面上的牙结石，因此更建议使用以机械去污方法为主，CO_2 激光或半导体激光照射为辅的方法对植体表面进行消毒去污
引导性骨再生	研究表明，几种激光为低功率激光时在牙槽骨修复中具有的生物刺激作用能促进骨组织愈合

第十节 喷砂洁牙机

一、简介

喷砂洁牙机是一种牙科洁牙设备，主要是使用特制的喷砂牙粉（以碳酸氢钠粉末为主要成分），通过喷砂手机头喷向牙面而去除牙菌斑和色素。此法特别适用于清理超声洁牙机不易到达的牙间隙中的牙菌斑和色素斑，对于牙面色素的清理效率也远高于超声洁牙机。

喷砂洁牙常用于牙面抛光、窝沟清洁和色素去除等，是超声波洁牙的有益补充，如冠桥修复印模制取前，用于清洁牙体。同时喷砂洁牙也可以作为种植体、正畸装置的维护工具，也可以用于氧化锆修复体粘接时，对修复体粘接面进行表面喷砂处理以增强粘接效果，或者用于表面嵌体或高嵌体修复前清洁窝洞。氧化锆材料不含有二氧化硅成分，所以不需要做类似玻璃陶瓷的硅烷化处理。为粗化修复体内壁，增加固位型，使用氧化铝粉末喷砂是增加轻微粗糙度的最常用方式。

二、使用与维护

（一）操作流程

1. 在粉罐中加入适量砂粉（加入砂粉量需控制在罐体表面标明的“Max”和“Min”之间），然后拧紧粉罐上盖，将粉罐插上粉罐座。

2. 拿起喷砂手柄，自动跳入喷砂模式。

3. 调节水量和气压，将喷头对准水池，踩下脚踏按键，确认喷头可以正常喷出气体、砂粉和水雾后方可使用。

4. 喷砂治疗前请给患者戴好护目镜并在面部罩上面纱，使用者请戴好护目镜或防护面罩。

5. 一般采用握笔姿势拿握手柄。

6. 将水量及气压调至合适档位，推荐水量从 5 档开始，气压从 3 档开始；根据患者牙齿的敏感性及牙菌斑情况在临床过程中随时调整水量及气压大小；增大气压会增强清洁效果，但会削弱抛光效果；增大水量会增强抛光效果，但会削弱清洁效果。

7. 洁治时使喷嘴对准牙面，但切忌直接接触，喷嘴与牙面保持 3~5mm 的距离，角度为 30°~60°，角度越小，清洁区域越大；洁治期间，请在牙齿表面进行小范围的圆周运动。

8. 治疗时使用牙科综合治疗机上的高速排空设备吸收从牙齿表面反射出的空气 / 砂粉混合物。

9. 治疗后，将水量调至最大档位，对全部牙齿表面进行抛光。

（二）注意事项

1. 机器使用前后应保持清洁、干净。

2. 每次临床操作前请让机器在有水的条件下工作 10 秒以排除管道内残留的水。

3. 操作者操作时应配备足够防护（如护目镜、面罩等），以防止交叉感染。

4. 每次使用前请将超声手柄、喷砂手柄及工作尖、限力扳手等配件进行消毒。

5. 任何情况下，禁止将喷砂手柄喷头对准人。

6. 请勿在喷砂手柄尾线已经从主机上拆卸下来的状态下踩脚踏按键。

7. 在更换喷砂手柄或者喷头前，请先用三用枪将两端接口（尤其是气路接口）处的水分吹干，防止水分进入气路，避免砂粉在管路内结晶造成堵塞。

8. 在设备使用过程中请勿用力拉扯尾线，以免造成尾线损坏。

9. 请勿敲打、刮磨手柄。

（三）维护与保养

1. 设备的清洁和消毒 应每天使用乙醇或消毒巾清洁并消毒喷砂洁牙机外壳及连线。

2. 清洁抛光系统　在执行任何清洁操作前，清洗喷砂粉回路很重要。

3. 喷砂粉罐　如果设备若干小时（如隔夜）不予使用，应小心排空喷砂罐。残留的潮湿空气会改变喷砂粉的性能。要清洁喷砂罐，应旋开储器盖，并利用牙科手机吸入系统清除残留湿气。

4. 手柄　每一次使用后，旋开手柄喷嘴并在超声波槽中清洗 10 分钟（使粉末粉碎），干燥并在高压灭菌器中消毒喷嘴和手持件。

第十一节　口腔超声治疗机

一、简介

口腔超声治疗机（图 3-11-1）是利用超声波机械能进行口腔病治疗的口腔医疗设备。临床上按其功能分为单功能治疗机及多功能治疗机。单功能治疗机即超声洁牙机，主要用于洁牙；多功能治疗机通过配置不同的手柄、工作尖及冲洗液，用于龈上洁治、龈下刮治、牙周袋冲洗、根管治疗、喷砂、去渍以及修复体拆除。

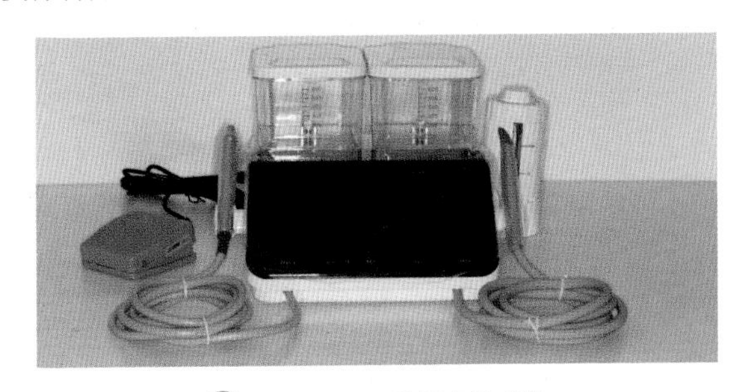

图 3-11-1　口腔超声治疗机

口腔超声治疗机作为口腔临床治疗的基本医疗设备，在临床上有广泛的应用，如牙体洁治及刮治、根管治疗、金属修复体的非破坏性拆除、牙体预备与种植体的维护等。

1. 金属修复体的非破坏性拆除 因治疗或再修复需要拆除桩、冠桥、嵌体等金属修复体，传统方法是用牙钻除去修复体周围的黏固剂或破拆修复体，不仅费时费事，还易造成牙齿组织损害，取下的修复体亦不能再用。用超声波治疗机配合其拆除器，不仅可以快速非破坏性拆除金属修复体，对牙体组织的损伤也较小。

2. 牙体预备与种植体的维护 配合使用一些特殊设计的工作尖，可以完成窝沟间隙、近中窝洞、远中窝洞、肩台的制备，以及用于牙齿贴面的制备和种植体的维护。

二、使用与维护

（一）超声洁牙模式及使用

1. 打开主机上的电源开关，拿起超声手柄，此时面板自动进入超声洁治工作界面，水瓶底部指示灯点亮。点击洁牙模式。

2. 选择合适的供水方式，点击面板上的水瓶 / 水龙头标识可实现水瓶供水和外接水的切换。

3. 按需要选择合适的工作尖，用限力扳手将其拧紧在手柄上。

4. 踩下脚踏按键，工作尖产生振动，手柄头部的 LED 灯发亮，并伴有冷却水射出（开机后第一次使用需等待几秒才出水）；松开脚踏按键后，振动停止，出水停止，LED 灯继续发亮 10 秒后熄灭。

5. 一般采用握笔姿势拿握手柄。

6. 机器正常工作时频率极快，在确保工作尖正常振动、水正常雾化的情况下，洁牙时仅需用工作尖的侧面轻轻接触牙面，并以一定的速度往复运动，即可消除牙结石，且工作尖无明显发热的感觉；切忌洁牙时在局部用力过度或停留时间过长。

7. 振动强度，按需要调节振动强度大小，默认功率为 5 档，根据患者牙齿的敏感性及牙结石硬度在临床过程中随时调整振动强度。

8. 水量大小，若采用水瓶供水模式，可点击面板水量调节按钮调节水量大小；若采用外接水模式，可通过旋转主机背面水量调节旋钮改变水量大小。

9. 临床洁治时请保持工作尖侧面与牙面零度角接触，不用施加压力，让工作尖自由振动即可。

10. 操作完成后，让机器在有水的条件下工作 30 秒，以冲洗手柄及工作尖；然后取下工作尖进行灭菌。

（二）其他操作

工作尖的使用见图 3-11-2。

1. 种植体清洁与维护 配合不同长度纤细的勾状工作尖进行龈下的清洁与维护。一般在牙周模式下进行。

2. 去牙冠 将对应工作尖置于牙冠表面，然后启动洁牙机进行工作，增大工作尖对牙冠表面的压力直至听不到工作尖震动碰撞的声音并保持几秒钟。

3. 去牙桩 对难移出的牙桩进行超声高效移除。

4. 肩台制备 选用工作尖头部有金刚砂镀层（120μm 粗砂）用于牙本质磨除，在车针完成“龈上肩台”制备后用于“龈下肩台”制备。选用工作尖头部有金刚砂镀层（50μm 粗砂）用于牙本质磨除，主要用于对已制备的龈上、龈下肩台的精修抛光。

5. 近远中窝洞的制备 选用工作尖头部有金刚砂镀层（90μm）用于近远中窝洞的制备。

6. 牙齿贴面的制备 选用工作尖头部有金刚砂镀层（90μm）用于牙齿贴面的制备。

7. 窝沟间隙制备 选用工作尖头部有金刚砂镀层（90μm）用于窝沟间隙制备。针尖呈锥状用于儿童牙齿窝沟间隙制备。

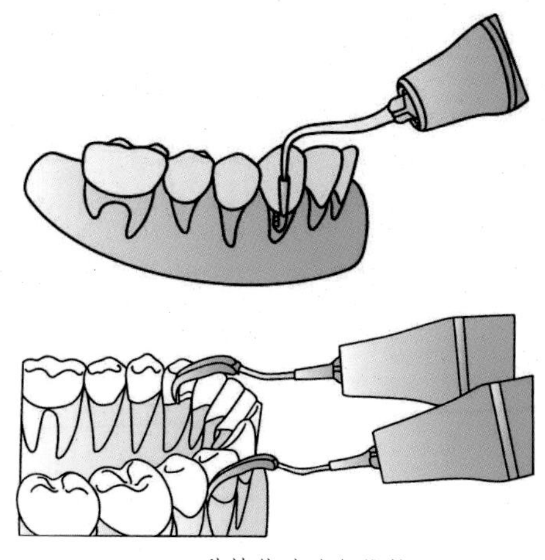

A，B. 种植体清洁与维护

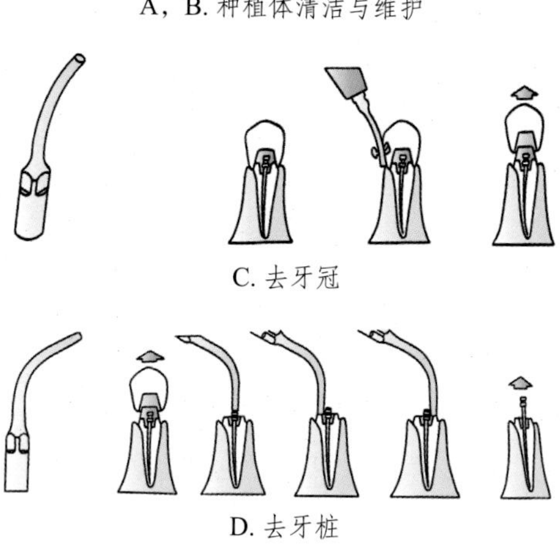

C. 去牙冠

D. 去牙桩

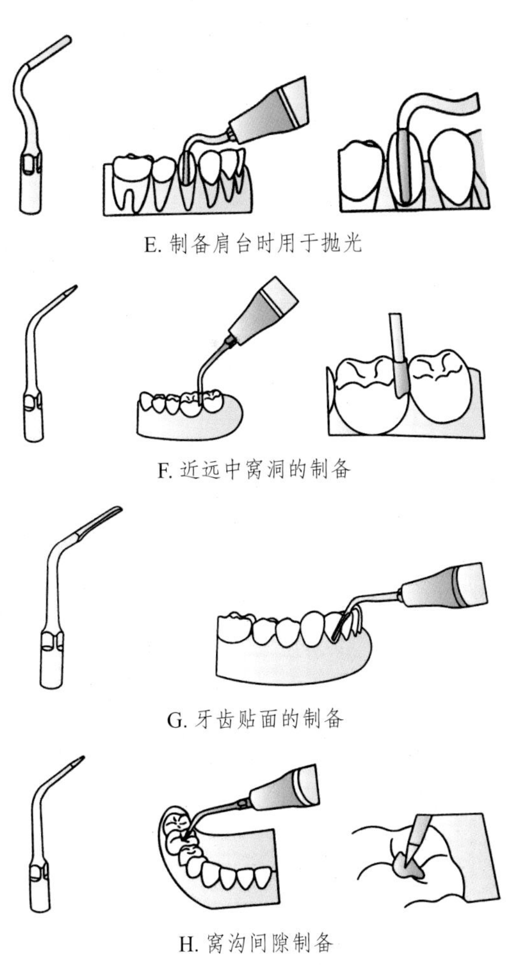

E. 制备肩台时用于抛光

F. 近远中窝洞的制备

G. 牙齿贴面的制备

H. 窝沟间隙制备

图 3-11-2　工作尖的使用

（三）注意事项

1. 手柄使用完后应放在支架上。

2. 工作尖应安装可靠，否则影响功率输出。

3. 治疗中不可对工作尖施加过大压力，以免加速工作尖的磨损。

4. 手柄电缆内导线较细，易折断，严禁电缆打死弯和用力拉。

5. 戴有心脏起搏器的患者慎用。

6. 机器使用前后应保持清洁、干净。

7. 每次临床操作前请让机器在有水的条件下工作 10 秒以排除管道内残留的水。

8. 操作者操作时应配备足够防护（如护目镜、面罩等），以防止交叉感染。

9. 每次使用前请将超声手柄及工作尖、限力扳手等配件进行消毒。

10. 请勿在踩下脚踏开关、手柄产生振动时装卸工作尖。

11. 工作尖必须拧紧。

12. 请勿弯曲或打磨工作尖。

13. 请勿用不洁净水源。

14. 如采用无压水源，无压水源的水面应高出患者头部 1 米以上。

15. 在设备使用过程中请勿用力拉扯尾线，以免造成尾线损坏。

16. 请勿敲打、刮磨手柄。

（四）维护与保养

1. 洁治时，输出功率强度不应超过其最大功率的一半，如有特殊需要加大功率时，应缩短操作时间，以免工作刀具和换能器超负荷工作。

2. 不应在工作尖不喷水的情况下操作，否则易损伤牙齿，损坏工作刀具及换能器。

3. 尽量减少换能器电缆的接插次数，以免磨损微型密封圈，造成接口处漏水。

4. 机器连续工作时间不宜过长，以免机器发热产生故障。

5. 机器不用时，将电源开关置于关闭状态，换能器及手柄应放在固定搁架上，避免跌落或碰撞。

6. 加压水壶盛水不可越过水位线，且压力不能过高，以免发生意外。

7. 若机器长期不用，应每 1~2 个月通电 1 次。

第四章
椅旁加工设备

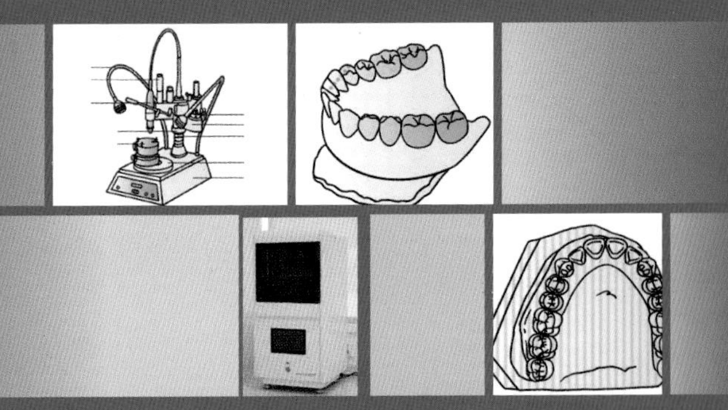

第一节 3D 打印设备

一、简介

图 4-1-1 固化机

图 4-1-2 3D 打印成型机

（一）3D 打印技术概述

3D 打印又称增材制造技术，即快速成型技术的一种，是一种以数字模型文件为基础，通过软件分层离散和数控成型系统，利用激光束、电子束、加热头、光固化等方法将粉末状金属、塑料等可粘合材料或细胞、组织等特殊材料，通过逐层打印的方式来构造出物体的技术（图 4-1-1~ 图 4-1-2）。

在口腔医学领域，主要用来制作患者模型、必要的可摘牙齿代型甚至可摘的人工牙龈、铸造支架熔模、种植导板、船垫、个别托盘、暂时性修复体和义齿基托等。大多数情况下，技师所需要的设备较小而不昂贵，并且使用的也都是光固化树脂材料，使用的打印机大部分采用的是 DLP 技术（数字光处理）。每个牙科技工室必须考虑自己是否有足够加工数量，以判断是否值得购买一台打印机和用于清洁和后固化的设备。另外，员工培训和建立必要的经验也需要一定的时间。

（二）原理

3D 打印的核心为将计算机、控制、机械集为一体，通过计算机进行模型重建，传输控制指令及打印机打印目标物来实现模型的实体化。3D 打印前，根据材料的不同选择不同的打印方法。打印机在打印时，先通过计算机获取实体模型，然后通过专用软件将模型转化为数据文件，再将数据文件传输给 3D 打印机。打印机根据指令驱动打印头按照预定轨迹进行打印，形成固化层。第一层打印后，打印头会重新移动到第二层开始的位置，重复上述动作，循环往复堆叠成目标实体。

（三）临床应用

在口腔修复与种植领域，3D 打印设备广泛用于各个环节中，如患者模型制备、种植导板的制作以及修复体的制作等等。其具有一定的优势同时也存在需要改进的空间。

1. 在口腔种植领域的应用，3D 打印在口腔种植领域应用广泛。3D 打印在种植骨增量中的应用主要包括打印骨重建模型，打印个性化支架，打印骨移植物等。同时还可以打印种植体与种植导板等。与传统种植导板制作方法相比，3D 打印设备可以快速、准确地将电脑中的种植导板数字模型加工成实物，使牙种植体的植入更为精确，复杂牙列缺损及牙列缺失患者的即刻种植修复得以实现。

2. 可以在椅旁快速打印出患者模型、修复体、导板等，方便医患沟通，减少患者等待时间。

3. 现有研究表明，3D 打印支架与工作模型的适合性稍差于传统的铸造支架，但仍能满足临床应用要求。

二、使用与维护

（一）操作流程

3D 打印设备制作是一个“建模－载入－加工—后处理”的过程。

1. 建模：打开计算机，进行数据准备，包括三维模型的 CAD、STL 数据的转换、制作方向的选择、分层切片以及支撑设计等。

2. 载入及加工：将制造数据传输到成型机中，启动加工。

3. 后处理：成型后的模型大多需要清洗、去除支撑、表面处理、固化等操作，最终获得性能优良的模型。

不同树脂材料推荐固化时间表见表 4–1–1。

表 4–1–1　不同树脂材料推荐固化时间表

树脂材料	推荐固化时间（分钟）	推荐固化次数
模型材料	15	1
软质牙龈	5	1
种植导板	5	1
铸造模型	5	1

一般来说，打印层较厚的模型可能需要更多的固化时间，适当延长固化时间更有利于将模型完全固化，且不会损坏模型打印品质。

（二）选择性激光熔融打印支撑角度对可摘局部义齿支架适合性的影响

使用选择性激光熔融制作可摘局部义齿支架时需对支架的悬空结构添加足量的支撑，以利于成形及传热，防止倒凹处结构塌陷或热集中导致悬空部分卷曲变形。支撑与 RPD 支架之间角度的选择，不仅影响打印完成的时间和材料成本，也影响到 RPD 支架的适合性以及其力学性能。这种差异主要来源于打印过程中的台阶效应。选择性激光熔融的成形基于逐层堆叠原理，在打印前需将模型分为等厚的切片层，但每个切片层仅包括自身的轮廓信息，层与层之间的外轮廓信息未被记录在内，最后是由若干切片层轮廓的包络面组成打印件的外表面。因此，当加工斜面的曲面曲率及层厚固定时，若支撑角度增大，则两层间的错切量增大，进而影响斜面精度。同时，支撑角度增大可使打印件打印高度、层数增加，其熔池边界也随之增多。已有研究显示，打印件的初始断裂始于熔池边界，裂纹沿熔池边界扩展。因此，支撑角度可影响熔池边界的数量和方向，从而导致打印件的各向异性。

肯氏 I 类所需的可摘局部义齿支架通常较其他类型可摘局部义齿支架长，在支撑角度相同时，所需的支撑高度可较其他分型更高。支撑的高度越高，该处的导热效果越差，可形成温度梯度，进而产生热应力引起翘曲变形；此外，越高的支撑在受到拉扯时形变越严重，打印件也更易翘曲变形。从材料力学角度考虑，应根据临床支架形态特点来选择支撑角度。

（三）清洁与维护

1. 每次打印任务前的护理

（1）使用硅胶铲从材料储层中移除可能有的固化材料，或使用细滤器或通过自动清洁功能过滤材料。

（2）用小铲除去打印平台上的任何固化材料。在开始打印之前，打印平台必须具有完整光滑的表面。

2. 每次打印任务后的清洁　清洁打印平台并清除所有的材料残留物。检查打印平台的孔洞中是否还存在材料残留物。完成后再使用异丙醇清洁打印平台。

3. 日常维护　日常保养要求见表 4-1-2。

表 4-1-2　日常保养要求

保养内容	保养要求	保养周期	备注
设备外观	保持整洁	1 次 / 天	导轨上或者盖板上溅上树脂时，要用乙醇及时擦拭，保持清洁
清洁盒中的乙醇	保持洁净	使用时 1 次 /2 天	蜡型不能浸泡在乙醇里面时间过长
光机镜头	确认是否正常工作	1 次 / 周	过长时间浸泡会导致蜡型变软
防漏玻璃	保持洁净		时刻保持没有灰尘油污污染
打印平台调平	确认处于调平状态	1 次 /1 月	
导轨和丝杆	保持润滑	1 次 /3 月	使用润滑油保持润滑

4. 注意事项

（1）注意电源的开关顺序。

（2）保持加工平台清洁。

（3）为保证模型打印质量，当打印机正在打印或打印刚完成时请保持打印机门关闭，禁止用手触摸模型、料盒、打印平台或设备其他部分，也不要打开机器外壳。

（4）皮肤不要直接接触未固化的材料，以防皮肤过敏。

（5）有高电压或高温标识的地方不要碰触，避免触电、灼伤。

（6）打印机及后固化箱设备工作时，直视光源对眼睛有害，避免直视。

（7）用酒精或未固化树脂处理零件和表面时要戴一次性手套，避免皮肤直接接触。

（8）打印机配件中包含尖锐工具，包括扁头镊子、清洁铲刀、美工刀，使用这些工具进行模型剥离及支撑移除时，需做好安全防护。

（9）在料盒中倒入树脂材料时，注意容量控制在合理范围内，不要低于料盒上所示最低液位，不能高于最高液位。

（10）急救措施：皮肤直接接触未固化的材料可能造成皮肤刺激性皮炎，在使用过程中，操作人员需佩戴橡胶耐油一次性手套作业。

①皮肤接触：脱去污染的衣着，用肥皂和清水彻底冲洗皮肤。

②眼睛接触：立即翻开上下眼睑，用流动清水或生理盐水冲洗至少 15 分钟，就医。

③食入：立即漱口饮水，催吐，洗胃，就医。

第二节 口腔用数控加工设备

一、简介

数控加工（NC 加工）即减法加工技术，也称去除式加工技术，在工业上是指用车、铣、磨、削等方式将已成型好的材料坯料加工成所需形状的方法。口腔常用设备为包含干式切削和湿式研磨加工而设计的轻 / 中型铣削研磨设备。口腔用数控加工设备见图 4-2-1。

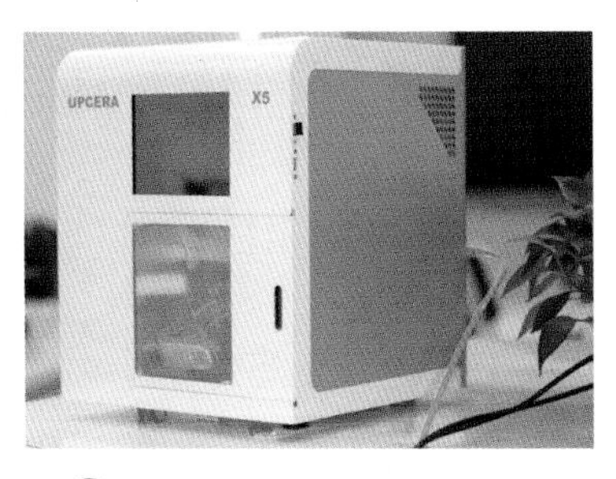

图 4-2-1 口腔用数控加工设备

二、使用与维护

（一）操作流程

1. 打开设备电源，开机。
2. 打开控制程序并将设备恢复初始设置，选择合适的刀具。
3. 选择需加工材料类型。
4. 打开设备舱门，放入材料盘和材料块并紧固。
5. 关闭设备舱门。
6. 启动加工程序。
7. 加工结束后，取出工件，并将设备恢复初始设置。

（二）应避免的典型的设备误用情况

口腔用数控加工设备常见设备误用情况见表 4-2-1。

表 4-2-1　口腔用数控加工设备常见设备误用情况

不当使用	后果
使用未经批准的材料或工具 不正确的清洁（滤芯，研磨舱，材料舱）	• 设备损坏 • 刺激皮肤 • 破坏环境 • 损坏设备
未使用切削液工作	• 设备损坏 • 设备寿命及滤芯寿命减少
研磨过程中用户突然直接关机或断电	• 刀具或者材料盘、材料块损坏 • 可能需要进行校准
未使用水箱（仅指湿加工模式） 未使用吸尘器或者未安装滤芯	• 设备停机

（三）注意事项

1. 在操作设备时，不要佩戴戒指、手镯或手表等珠宝，尤其是在清洁研磨舱时，有挤压或割伤的危险。

2. 如果无法防护较高的工作噪音（声音高于 80 分贝），则在研磨过程中使用听力保护器。

3. 在清洁工作期间，为了防止碎屑、蒸汽或其他材料颗粒对人造成伤害，请佩戴防护面罩（例如防护等级为 FFP3 的口罩）。

4. 进行清洁工作时，请戴手套。

5. 当处理切削液和清洁水箱时，请穿戴适当的保护装备。

6. 正确放置材料盘并将其紧固。

7. 启动加工程序前必须关闭设备舱门。

8. 长期不使用设备时，应将刀具从刀具座中取出。

9. 定期更换加工刀具。

10. 定期更换冷却水。

第三节 正压压膜机

一、简介

正压压膜技术（正压压膜机，因设备不同，压力多在 2.5~6bar 之间）是对热塑体进行正向高压加工。塑料分子链在温度升高到一定程度的时候，会产生互相振动，进入弹性状态，温度再升高时，则达到可塑状态。

二、使用与维护

（一）操作常规

正压压膜机操作见图 4-3-1。

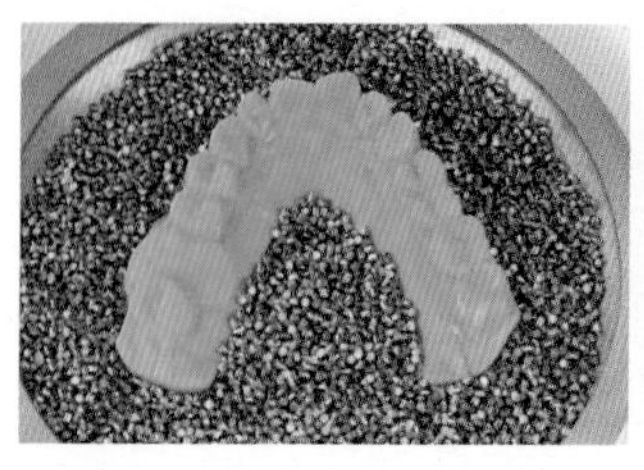

A. 放入适量的铁砂，将石膏模型埋入铁砂

B. 向左旋转打开膜片放置盘，取下膜片放置盘固定环，放置适用的膜片，放置膜片固定环

C. 选择适合的加热时间。可以自定义加热时间、冷却时间，通过按键选择

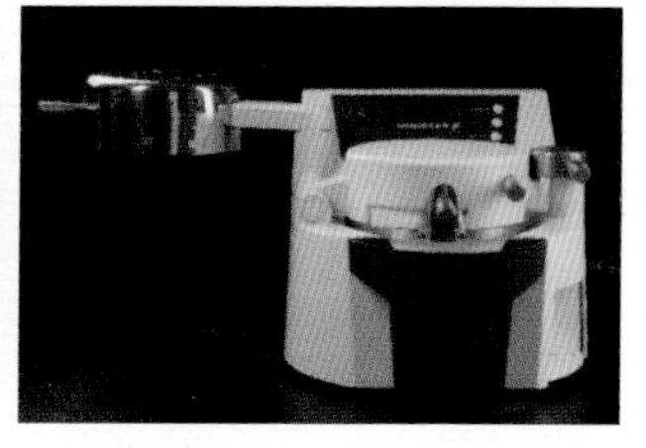

D. 当加热时间归 0，听到滴的一声，停止加热

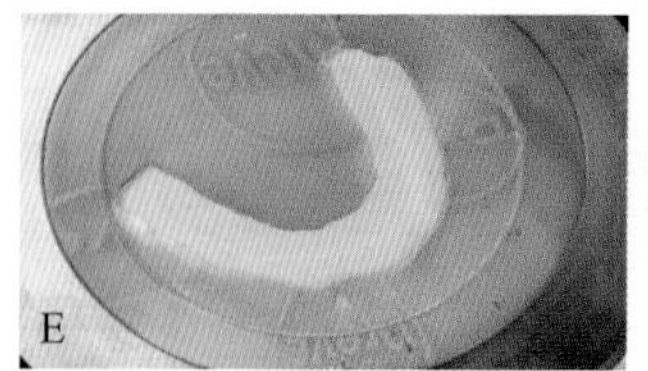

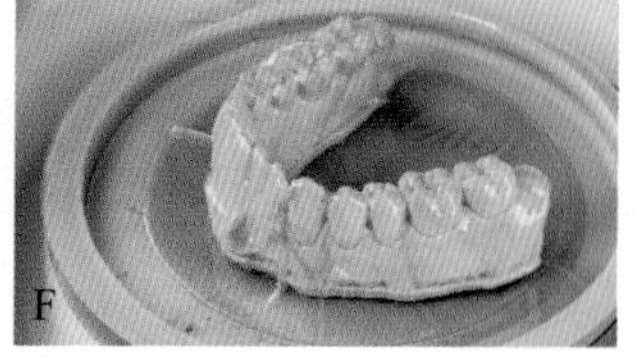

E 和 F. 等待冷却时间归 0。最后取出压制好的膜片，修整模片

图 4-3-1 正压压膜机操作

（二）维护与保养

1. 在进行维护与保养之前，切断电源。

2. 最好的清洁方法是使用柔软的干布，或使用柔和清洁液海绵。水和清洁液不能漏入机器中。O 环应使用硅油脂进行润滑。

3. 更换保险丝步骤：切断电源；保险丝外壳在主机的左后侧，轻轻按下螺帽并按照箭头的方向左旋转以更换保险丝；打开熔线座，慢慢取下损坏保险丝并更换一个新的。注意：只能使用主机后面显示的保险丝。再次插入熔线座并按正确方式安装。

第四节　模型扫描仪（仓扫）

一、简介

模型扫描仪（图 4-4-1）作为口腔三维扫描仪的一种，主要用于模型三维数据的获取。根据口内真实形态印模后灌注成各种工作模型，配合扫描软件对印模或者石膏模型扫描，可间接得到口内牙颌形态的数字三维信息。模型扫描仪是实现口腔形态数字化的一种间接方法，不同的模型扫描仪的扫描范围不同，如扫描修复单颌模型、带殆架的牙颌模型、硅橡胶印模或正畸模型等。根据扫描后获取的数字模型，技师可进行后续的计算机辅助修复体设计及制作。

模型扫描仪由电脑、扫描仪主机、软件三部分组成。

A

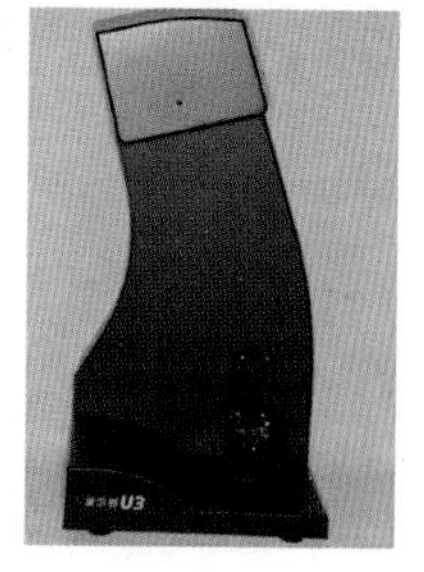

B

图 4-4-1 模型扫描仪

二、使用与维护

（一）工作原理

模型扫描仪通过在扫描区域内放置模型，触发扫描。扫描软件对获取的模型数据进行处理、编辑等具体操作，若进行具体设计，使用CAD软件进行设计，生成的修复体可保存为STL等通用格式以备后续使用（开放系统）。扫描仪的精度取决于相关设备的精度及数据重建的算法。

通常采用光学三角法（图4-4-2），根据发射并接收待扫描物体表面反射回来的光的位移来确定扫描物体的空间信息，再通过转化器转化成电脑可以处理的数字数据。发射光束（点、线、面）经过透镜实现光束的汇聚后，投射在物体表面形成漫反射光斑，作为传感信号，用透镜成像原理将收集到的反射光聚到成像透镜的聚焦平面上，聚焦后利用CCD感光，将光信号转变为电信号。当漫反射光斑随被测物体表面起伏时，成像光点在CCD上做相应的移动。根据像移距离的大小和传感器的结构参数可以确定被测物体表面的位置量，以及被测物体表面测点的位置。

通常来讲，光源的不同可以导致扫描速度不同。例如，点光源（图4-4-3）的扫描速率低于线光源的扫描速率，线光源的扫描速率低于光栅（图4-4-4）的扫描速率。为此，现有的模型扫描仪大多采用光栅扫描方式。

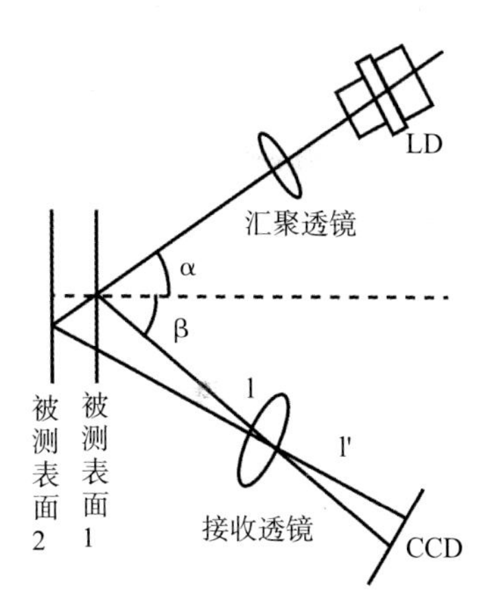

图 4-4-2 光学三角法测位移示意

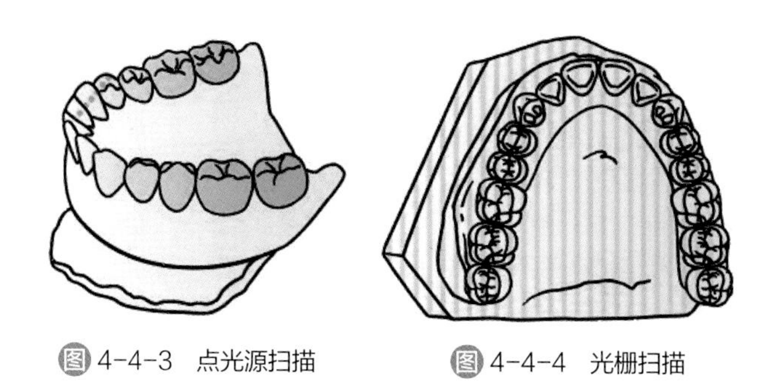

图 4-4-3 点光源扫描

图 4-4-4 光栅扫描

仅单一方向的入射及反射并不能完全获取模型的所有细节，因此需要改变物体的入射光及反射光的角度。在一次完整扫描中激光束移动，同时扫描仪中模型会随着扫描底座转动以完成多方向扫描。扫描仪不同，模型在扫描仪中运动的轨迹不同。常见的运动方式包括旋转或不同方向的直线运动以完成多方向扫描。随后扫描软件根据不同角度及不同方位的扫描数据在电脑中合成完整的模型信息。

扫描软件决定了数据采集时的规划，即确定数据采集的方法以及测点分布方法，目的是使采集的数据正确而高效。通常采点原则为：顺着特征方向走，沿着法线方向采；重要部位精确多采，次要部位适当取点；测点要随曲面曲率的变化分布，即扫描的曲率变化要随模型的曲面曲率的变化分布；先采外廓数据，后采内部数据。经过曲率变化大的地方要多采点，曲率变化小的地方少采点；先采外廓数据，后采内部数据。经过非接触测量法获得的点云数据需要进行多边形网格化，建立起各点间拓扑关系，进行点云的对齐拼接，剔除噪声点等除噪、过滤、平滑、拼接等处理。设计时还需要调用数据库内的具体形态或在此基础上自行构建曲面及线条。所需要用到的信号和图像处理等数学算法集成在软件中。

（二）注意事项

1. 仪器需放置在干燥、密闭的房间中使用，避开窗户及强光直射位置。

2. 平稳放置扫描仪，放置的台面承重能力需达标（通常承重能力需超过扫描仪自重的 2 倍）。

3. 扫描仪顶部不得放置任何物体。

4. 如扫描仪带有舱门，扫描过程中不要打开扫描舱门。

5. 模型的高度不得超过对应扫描仪的限高。

（三）故障排除与维护

1. 简单故障排除

（1）无法启动扫描：检查扫描舱门是否密闭。

（2）扫描仪运转不正常：关闭扫描仪主开关后，再打开舱门检查，重新启动扫描仪及扫描软件。

2. 维护　为了获得准确的扫描件，建议扫描仪每次移动后即进行校准，或是一星期至少校准两次。但是，如果扫描仪是放置在稳定的表面上并处于恒定的温度下，则可以增加校准之间的间隔。扫描仪刚开箱时，必须进行校准。

第五节 平行观测研磨仪

一、简介

平行观测研磨仪（图 4-5-1）是用于确定义齿就位道并对这些实体进行平行度观测、研磨、钻孔等操作的设备。由分析杆、支架和观测台三部分组成。可以用于诊断模型观测、蜡型修整、烤瓷冠的观测、冠内固位体的放置、冠内支托凹的制备、铸造修复体的研磨和工作模型观测等。

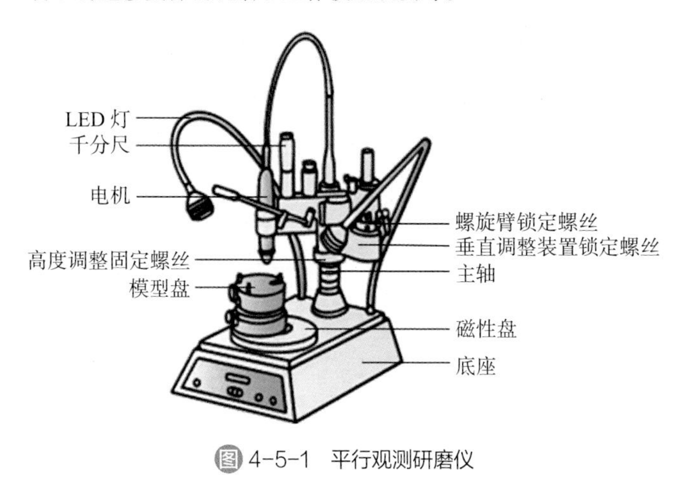

图 4-5-1 平行观测研磨仪

二、使用与维护

（一）操作常规

因仪器较为复杂且品牌多样，建议使用前仔细阅读说明书。

1. 初次启动

（1）电器连接。

（2）更改电压：仪器可以从230V切换成100V，也可以反过来切换。为此，需拉出保险架，移除保险并放置插入物（电压选择器），需要的电压就在小窗口显示出来。最后，重新插入装好保险的保险盒。

（3）安装旋转臂于垂直调节器上。

①将高度调整装置使用中心楔（指向上）装于垂直调整器并使用内六角扳手紧固。然后将旋转臂使用锁定螺钉紧固到位。组装要点是，旋转臂安装位置要平行无倾斜。

②将电机组件插入设计孔位并用内六角螺栓在侧边固定。电源线从主轴顶端插入，并且以螺旋弹簧保证安全。切换电机的顺时针/逆时针旋转研磨头通过改变电机旋转方向从最初的切削变为平滑产品表面。

2. 诊断模型的观测

（1）右手手指上下调节垂直分析杆，手腕水平移动分析杆。左手控制模型的倾斜方向和倾斜度。

（2）用分析杆接触基牙邻面，来确定所有基牙邻面的相互平行关系。改变模型前后倾斜位置，直至使这些邻面尽可能达到相互平行，或尽量通过磨改达到相互平行的程度。

3. 高度调整 高度可在几个地方进行调整，最基本的位置是主轴。

（1）用大塑料螺栓来设定需要的高度。

（2）在高度调整装置处进行调整。

（3）另外，既可以选择将旋转臂移到一边，也可以将高度固定环转至特定位置。钻进深度可根据研磨头部的刻度进行粗略设定。

（4）调整的全部范围可超过25mm。一次改变1mm。刻度为十分之一毫米。

（二）注意事项

1. 高度调整固位螺钉必须始终位于旋转臂上，以防止旋转臂掉落。

2. 当切削金属、塑料材料或蜡时佩戴护目镜。

3. 长发人士需将头发系在头上或戴发网。

4. 封闭模式使用最大加热时有灼伤皮肤危险。

5. 当清洁或维护仪器时，请关闭主电源开关。

6. 不要用蒸汽清洁，也不要用水或溶剂清洁。

7. 钻进杆只有在没有使用的情况下可以装入和拔出至侧边。

8. 在切换旋转方向期间任何阻碍都会导致仪器自行关机。使用 On/Off 开关重启电机。

（三）维护与保养

用干擦的方式清理污迹。不要有水蒸气，也不要用水或溶剂清洁。